苏州古典园林空间组织

马建武　著

中国建筑工业出版社

图书在版编目（CIP）数据

苏州古典园林空间组织/马建武著．—北京：中国
建筑工业出版社，2024.11
ISBN 978-7-112-29895-2

Ⅰ．①苏… Ⅱ．①马… Ⅲ．①古典园林－研究－苏州
Ⅳ．①K928.73

中国国家版本馆CIP数据核字（2024）第106339号

责任编辑：滕云飞　陈　桦　杨　琪
责任校对：赵　力

苏州古典园林空间组织

马建武　著

*

中国建筑工业出版社出版、发行（北京海淀三里河路9号）

各地新华书店、建筑书店经销

上海炘邦印务科技有限公司制版

天津裕同印刷有限公司印刷

*

开本：787毫米×1092毫米　1/16　印张：14½　字数：249千字
2024年8月第一版　　2024年8月第一次印刷
定价：128.00元
ISBN 978-7-112-29895-2
（43057）

对苏州古典园林的喜爱源于幼时的一本《红楼梦》连环画。书中那些亭廊置石和植物的组合仿佛人间仙境一般令人着迷。高考的唯一志愿便是园林专业。大学学习期间历次对古典园林的游览更是加深了我对中国传统园林的理解，惊叹原来人间真有如诗如画的栖息之所！工作30余年，一直从事风景园林的教学与实践，同时也有机会到欧美各国考察，最终的体会仍是：中国古典园林最美！

苏州古典园林历史悠久、文化博大精深。以画家和诗人的审美理念创造的空间布局、景点设置、游线组织等总是充满画外有画、景外有景的美感，是"咫尺之内再造乾坤"的园林设计理想的杰出代表。

近些年，大量西方园林被介绍到国内，许多青年学子被异域风景吸引。一些学生对国外的园林如数家珍，而对享誉世界的本国园林却一知半解，文化自信似乎越来越弱。有感于此，作为苏州大学风景园林学科带头人，我常常感到担心，自认有责任通过一本书籍可以较全面地介绍和宣传祖国的园林艺术，让更多的人尤其是年轻人熟悉并喜爱自己的文化。这是写作此书的初衷和动力之所在！

谨以此书表达作者本人对中国古典园林的崇敬之情！也期待此书的出版能为弘扬传统文化尽绵薄之力！

受精力和学识所限，书中难免有不足和错误所在，敬请专家批评指正。

本书写作出版历时3年有余，该书为苏州大学人文社科资助出版。苏州大学风景园林系付晓渝讲师对第1章的编写提供了帮助，王杰青教授执笔第3章苏州古典园林的植物以及古典园林的抽象元素及园林意境的内容。苏州大学应用技术学院马天爽老师多次为本书文字部分进行校对。本人2019级、2020级、2021级的研究生参与了大量资料收集整理，其中尤其感谢刘亮亮、闫薇、张子赫等几位研究生的辛苦工作！

马建武　教授

博士生导师　苏州大学风景园林学科带头人　原系主任

2023年10月

前言

目录

目
录

第1章

苏州古典园林
发展概述

第 1 节
苏州园林的发展历史

中国是世界造园发祥地之一，苏州园林是中国园林重要的组成部分。苏州古典园林是我国珍贵的历史文化遗产，其历史悠久、造诣精湛、自成一体、举世罕见。

1.1 苏州园林的崛起

苏州地属吴地，公元前514年吴王建成阖闾大城，隋文帝时更名为"苏州"。隋炀帝时期开凿南北大运河，让苏州成为水陆交通要冲，各地货物在这里聚集转运，苏州逐步发展成富庶之地。随着经济的繁荣，公卿大夫们纷纷在此营造宅园，历经多年发展，艺术风格独树一帜，终获"江南园林甲天下，苏州园林甲江南"的美誉。苏州园林崛起的主要原因归结如下：

1.1.1 得天独厚的地理环境

苏州古城前后历经两千五百余年，而城址一直固定在原来的位置上，是世界筑城史上少有的实例（图1.1-1）。苏州地处长江三角洲的太湖平原，景色秀丽，物产丰饶。星罗棋布的湖荡，密如蛛网的河港，构成了以太湖为中心的水乡泽国。水资源丰沛的先天优势和当地人对水充分利用的智慧，使苏州古城随水势灵活变化，为方便交通而不强求平面布局"方整""规矩"，这种灵活自由的格局滋养出了独具地域特色的园林，可以说地理环境的独特性为苏州园林特色奠定了基础。

图1.1-1 宋代平江图

1.1.2 优越丰富的自然资源

园林构筑需要多方面条件，最基本的是自然资源。优越丰富的自然资源为苏州园林的崛起提供了不可或缺的客观条件。苏州山明水秀、景色秀丽，园景蓝本随处可见。苏州东南西北都有山地排列，山林往往就是游乐胜地，至于水系，仅在城墙范围内的河道就有七纵十四横，达82 km之多。四周的吴淞江、娄江、胥江等骨干河道，或承接湖荡，或沟通水系，不仅灌溉农田，便利交通，而且种菱植藕，饲禽养鱼。此外，苏州及周边盛产太湖石、黄石、金山石和青石，为园林中石材的应用提供了基础。自唐代白居易在苏州当刺史时写下《太湖石记》后，太湖石便被普遍用来做造山材料。苏州地处亚热带季风气候区，温和湿润的自然条件为植物的生长提供了有利条件，因此花木品种繁多，争奇斗艳。

1.1.3 繁荣发展的经济

大运河开通后，交通发达，南北物质中转汇集，经济蓬勃发展。从明朝沈明臣《苏州曲》"阖庐城外木兰舟，朝泛横塘暮虎丘。三万六千容易过，人生只合住苏州"，到清朝乾隆年间《姑苏繁华图》描摹的苏州湖光山色和市井风貌，可见苏州的兴盛。经济的繁荣为园林的发展提供了必不可少的物质和人才。各行各业的兴盛也促进了园林技艺提高，如雕刻、刺绣、丝织等行业的发展为园林的家具陈设和园林组景提供了蓝本。香山帮的不断发展，也与苏州经济繁荣和园林造园水平的提高密不可分（图1.1-2）。

图1.1-2 《姑苏繁华图》局部

1.1.4 发达的文化和从文重教的风尚

悠久的历史和雄厚的经济实力，造就了苏州深远灿烂的文化底蕴，加快了园林的崛起。苏州历代书画家层出不穷，不仅储备了大量造园人才，也使园林艺术提炼到与诗画艺术同台的高度。自晋代以来，苏州出了一千二百余名画家，其中不少都参与过造园活动。明清时苏州更是文风鼎盛，文化氛围厚重。文人及书画家的参与造园，使苏州园林的艺术性独树一帜。

1.2 苏州园林的发展

苏州园林起始于春秋，发展于唐宋，全盛于明清。春秋之际，苏州苑囿（早期园林）多为官家所建造。三国两晋南北朝由于宗教盛行，苏州城乡寺观联翩建立，其中多处寺观已具有园林特色，是寺观园林的代表。之后私家园林逐渐兴起，根据文献记录统计，唐代苏州的私家园林有十余处，两宋六十余处，元代近四十处。明清两代造园之风益盛，有记载可数的达两百多处，私家园林不仅数量多，而且艺术水平也极其精湛。

1.2.1 春秋战国秦汉时期的宫苑园林

春秋时期，苏州是吴国的都城。为了追求田猎游赏的生活，诸多贵族开始建造宫苑。尽管与后世相比，这些园林还比较简单，但依托自然山水而起端的帝王宫苑为后世园林的发展打下了物质基础和审美基础。秦汉时期吴地统一后，吴王所留下的苑囿大都辟为官家园林或被富商大贾所买断，大部分的百姓是没有资本去建造园林的，也就没有私家园林的出现。西汉末年佛教传入中国，不少寺观的周围配置有园林，寺观园林开始萌芽。此时私家花园虽也有出现，但风格上努力追仿皇家花园，景观的营造侧重追求真山真水，缺乏艺术上的提炼和概括。总体来说这一时期的苏州园林以王室的宫苑园林为主，讲究较强的实用价值，园林规模大，但园中景观比较显露、开阔，建筑物追求富丽堂皇。

1.2.2 魏晋时期的自然山水园

魏晋时期的中国社会经历了混乱和动荡，外来佛教以及本土道教的影响逐渐变大，再加上门阀士族对官场的垄断，文人士大夫不再醉心于功名利禄，转而寄情山水、寻求心灵的满足。山水诗和山水画也为私家园林的兴建准备了很好的"模板"。至此，苏州正式出现山水、建筑、花木俱全的私家园林和山庄园林。最著名的是东晋顾氏辟疆园，有池馆林泉怪石之胜，号称"吴中第一名园"，该园直到唐代尚存。东晋王献之也曾慕名游园。王珣兄弟此时期在虎丘建山庄园林，自然山水园的艺术风格开始形成。梁代盛行佛教，枫桥寺（今寒山寺）、灵岩寺等佛寺名胜，应运兴起。

1.2.3 唐宋元时期的写意山水园林

隋唐时期是我国封建社会的鼎盛时期，东晋永嘉南渡以及隋代大运河的开凿通航为苏州输送了大量金银财宝、能工巧匠、风雅之士等，为造园提供了必要的条件。唐代造园，以诗意画作为造园主题，当时的画论是，"独立的山水画，必须是小中见大"。受"诗中有画，画中有诗"思想的影响，苏州园林由实用性向欣赏性过渡，在形式上也从大型化向小型化发展，园林楼阁建筑精致，广用太湖石，花木茂盛，诗情画意浓郁。园林从"自然风景式"朝"写意山水园"方向发展。

宋代时政治、经济中心逐步南移，苏州有"苏湖熟，天下足"之称，遂成"风物雄丽为东南之冠"。至南宋时，江南更是变为全国经济的中心，大大促进了苏州的繁荣。随着生产的发展，市肆街坊、各类园林和风景名胜均有较大发展，园林艺术水平进一步提高。到了元代苏州园林又有了新的发展，其中以狮子林为代表的寺观园林较为突出。

经过唐宋元三朝，苏州园林在建筑体系、空间美学、叠山理水、花木种植等方面都已经成熟，并形成了完整的艺术体系。这为明清两代的园林鼎盛发展奠定了基础。

1.2.4 明清时期诗画园景相融的文人园林

明清两代是苏州封建社会经济发展的辉煌时期，资本主义的萌芽开始出现，同时，也是苏州兴建私家园林的高潮时期。由于经济的进一步发展，造园之风更胜于从前，造园技术也获得了极大提高。这一时期苏州园林的实用性有所减弱，欣赏性变得非常突出，造园手法上"有真有假，假戏成真"。园子虽都比较小，但园内景观藏而不露，富有诗情画意，大多是"少少许胜多多许"之妙的私家花园。此时造园的理论知识也已经自成体系，明代计成的《园冶》和文震亨的《长物志》便是对造园经验的总结，具有相当的借鉴意义。

1.3 苏州园林的历史价值

苏州园林名扬中外不仅是因为现存的古园为数众多，更是由于这里造园的历史极其悠久、造园风格独特，有着特殊的价值。

在1961年国务院颁布的第一批全国重点文物保护单位名单中，园林单位有四处，分别为苏州的拙政园、北京的颐和园、河北的承德避暑山庄和苏州留园，这四个园林代表着中国古典园林的最高水准，因此而被称为中国"四大名园"。"四大名园"中拙政园"名冠江南，胜甲东吴"，是苏州园林中的经典作品。留园里的建筑在苏州众多园林中，不但数量多，分布也较为密集，其布局之合理，空间处理之巧妙，皆为诸园所莫及。留园内的冠云峰乃太湖石中绝品，其集太湖石"瘦、皱、漏、透、丑"五大特点于一身，也是园林"四大奇石"之一。中国"四大名园"中苏州有二，进一步说明了苏州园林的地位和价值（图1.1-3）。

图1.1-3　留园冠云峰

　　苏州园林吸收了江南园林建筑艺术的精华，是中国优秀的文化遗产，其中沧浪亭、狮子林、拙政园、留园分别代表着宋、元、明、清四个朝代的艺术风格，被称为"苏州四大名园"。

　　20世纪80年代苏州古典园林艺术首次"出口"美国纽约大都会艺术博物馆。1980年在纽约大都会艺术博物馆二楼北厅，依照中国苏州网师园里的"殿春簃"庭院建造了中国庭院"明轩"。为配合"明轩"的修建，同时专门新建"东方艺术画廊"，它环抱了"明轩"的三面，这两组建筑互为映衬。这里经常展出中国古代艺术品，成为观赏和研究中国古代艺术的中心。继"明轩"之后，苏州古典园林多次在国外建造和展出，并获多项荣誉。不仅促进了中外文化交流，也吸引了欧、亚、美等多国专家学者来苏州考察古典园林（图1.1-4、图1.1-5）。

图1.1-4　美国纽约大都会艺术博物馆的"明轩"　　图1.1-5　苏州网师园"殿春簃"小院冷泉亭

苏州古典园林宅园合一，可赏、可游、可居。这种建筑形态的形成，是在人口密集和缺乏自然风光的城市中，人类依恋自然、追求与自然和谐相处、美化和完善自身居住环境的一种创造。1997年，苏州古典园林中的拙政园、留园、网师园和环秀山庄被列入世界文化遗产名录；2000年，沧浪亭、狮子林、耦园、艺圃和退思园作为苏州古典园林的扩展项目也被列为世界文化遗产。苏州古典园林所蕴含的中华哲学、历史、人文习俗是江南人文历史传统、地方风俗的一种象征和浓缩，展现了中国文化的精华，在世界造园史上具有独特的历史地位和重大的艺术价值。"没有哪些园林比历史名城苏州的园林更能体现出中国古典园林设计的理想品质，咫尺之内再造乾坤。苏州园林被公认是实现这一设计思想的典范。这些建造于公元11至19世纪的园林，以其精雕细琢的设计，折射出中国文化中师法自然而又超越自然的深邃意境。"这是联合国教科文组织对苏州古典园林的评价。古城苏州以一城之力，坐拥九处世界文化遗产。这不仅在全国首屈一指，在世界上也十分罕见。

第2节
苏州古典园林的类型

中国古典园林按照隶属关系来看，可以分为皇家园林、私家园林和寺观园林这三个主要的类型。苏州古典园林除这三种园林形式外还有乡野园林，但以私家园林最具代表性。

2.1 皇家园林及官署园林

在商代中国就出现了最早的园林雏形，而苏州的地方园林雏形则出现在春秋时期的吴国——吴王宫苑。此外还有较多的离宫别苑，如夏驾湖、长洲苑、馆娃宫、姑苏台等，其中姑苏台最为出名。吴国社会经济发达，军事力量壮大，显名于诸侯，称雄于东南，有足够的物质基础来大兴土木、建造园林。这些宫观园苑，乃至墓塚，随着历史发展，逐步演变成各种园林风景名胜。如阖闾墓——虎丘，后成为"吴中第一名胜"（图1.2-1）。吴国灭亡之后，宫室苑囿、离宫别馆渐次荒芜冷落。战国时期，苏州具有园林特色的建筑也较少，发展缓慢。

官署园林往往由官方出资营造，根据地理位置的不同大致分为三种。第一种位于衙署机构中，也就是官吏办公地；第二种则在府治或县治后部，是地方行政长官的官舍；最后一种位于衙署外部。唐代，苏州郡治（廨宇）园林特色鲜明，遍植花木，驯养禽兽，是一处规模宏大的官署园林。宋代苏州不仅私家园林数量剧增，官署园林总量也超过历代总和。明清之际，建于洞庭东山的太湖厅为一处官署园林，内有堂、馆、轩、居、楼、阁多处，楼后

图1.2-1 吴中第一名胜——虎丘

为小圃，四时花木不衰。

2.2 私家园林

苏州最早的私园为东汉时期吴大夫笮融的"笮家园"。三国两晋南北朝期间，最有名的私园是当时号称"吴中第一"的顾氏辟疆园。

隋唐时苏州的私园有了较大的发展。相关文献记录也比较丰富。南宋时，全国的政治、经济中心开始转移到了南方，苏州成为了经济繁荣的重镇，园林艺术水平进一步提高。元朝苏州农村经济发达，富庶人家亦喜造园。同时学优而仕者众多，弃官归田之后，多筑园乡居。

明清时期经济得到进一步发展，此时造园之风更胜于从前，造园技术极大提高。例如拙政园、网师园、留园、环秀山庄、艺圃、五峰园等。明代苏州园林有园貌记载的有二百六十多处，数量超过历史上任何一个时期，其水平之高也是空前的。除此之外，有名的园林也多不胜举。吴县乡村私园在清代早期、中期，数量和水平几可与苏州府城不分轩轾。

2.3 寺观园林

三国两晋南北朝时期苏州的私家园林虽有一定的发展，但仍以寺观园林为主。随着佛教南传，道教兴起，江南进入了大规模修建寺庙的历史时期，这些寺庙大多有园，因此，苏州园林艺术发展也进入了寺庙园林兴盛的时期。伴随着大规模兴造寺观，变文人宅园为寺园成为一个很突出的现象，其中不少寺园保留至今。

隋唐时随着大运河的开凿，南北交流密切，社会经济得到极大发展，园林的建造也日益兴盛。被保存下的寺庙逐渐兴盛，香火鼎盛，往来络绎不绝，成游览佳处。元朝民族矛盾尖锐，全国的经济发展都大受影响，苏州位于江南，虽所受波及较小，但也造成了人们造园心理的转变，寺观园林的发展也受到了影响。当时建造并留存至今的最著名的当属狮子林。

明清时期苏州园林虽以私家园林独步城乡，但有几处寺庙园林，如阊门外的斗坛、灵岩山南麓的采香庵等皆因花木竹树，山林意趣的特色，颇有盛名。

2.4 乡野园林

元朝是中国历史上第一个由少数民族统一的王朝，除大都（今北京）帝王宫苑外，其园林建造十分萧条。苏州由其优越的自然条件，依然是富庶之区，农村尤甚。同时，蒙古族统治者把全国人分为四等，"南人"即南宋时的江南一带人，被定为第四等人，因此这里的大批文人被断绝了"学而优则仕"的仕途，便转而寄傲山林和乡间田野。元朝的苏州农村园林建构更远远超过了城市，乡间的私园三倍于城内之园，其艺术水准也可与城市园林相媲美。

第 3 节
有关的重要人物及书籍

苏州园林历史悠久，在漫长的造园过程中，涌现出大批的文人工匠。这些文人工匠对苏州园林的发展具有推动作用：其中有的学者着眼于不同历史时期园林的发展演变，研究不同时代背景下园林的特征；也有的从具体的园林入手，详细地记载了各个名园，对其空间布局、造景元素进行了分析；还有的则是通过实践经验，总结出具体的造园手法，建立一定的园林理论体系。

3.1　香山匠人

(1) 蒯祥 (1398—1481 年)

苏州市吴县胥口香山渔帆村人，出生在一个木匠世家，祖父蒯思明和父亲蒯福都是技艺高超的木匠师傅。他子承父业，跟随父亲一辈在南京造明宫城，技艺高超的表现让他有机会被官方机构再次选中，参加了北京故宫的修建，并自此走上了仕途，成为香山木匠的楷模。

(2) 姚承祖 (1866—1938 年) 与《营造法原》

苏州市吴县青口乡墅里村人。近代香山帮耆匠，出身木匠世家，是能与香山帮始祖蒯祥比肩的一代宗师。从20世纪20年代起，他就根据祖藏秘籍和图册以及自己的讲稿，整理出《营造法原》一书。此书集中了历代香山匠人营造经验的精华，也是唯一记述江南地区代表性建筑做法的专著，被誉为"南方中国建筑的唯一宝典"。

3.2 文家世代

(1) 文徵明（1470—1559年）

今江苏苏州人，在诗文上与祝允明、唐寅、徐祯卿并称"吴中四才子"。在画史上与沈周、唐寅、仇英合称"吴门四家"。文徵明绘制的《拙政园三十一景图》以图像的形式对拙政园中的景物特征进行了细致描绘，是研究明代王氏拙政园的重要材料。

(2) 文震亨（1585—1645年）与《长物志》

出身书画世家，今江苏苏州人，文徵明的曾孙。精于书画，根据长期园居生活体验和造园实践经验完成的《长物志》对造园多有论述，可分属于造园建筑、观赏树木、花卉园艺、观赏动物、假山、室内陈设等方面。文震亨作此书的目的并非仅为园林，但《室庐》《水石》《几榻》这三卷所记物品及其摆放位置，可以弥补《园冶》对此方面未作关注的不足，从而很具参考价值。

3.3 著名造园家

(1) 计成（1582—?）与《园冶》

中国明末造园家，江苏吴江人。少年时学画，擅长山水画，主要风格为写实画派。和一般工匠所不同的是，在造园时擅长应用书画理论。计成的《园冶》被誉为世界造园学的最早名著。不仅是我国园林设计的理论概括，同时也是我国园林建造经验的总结。这本书总结了造园经验，将园林创作实践总结提高成理论的专著，反映了中国古代造园的成就，诠释了古典园林的设计理念，是一部研究古代园林的重要著作。

(2) 李渔（1610—1680年）与《闲情偶寄》

清代小说家、戏曲家、造园家。李渔一生遍览名园，又有大量的亲身实践，积累了丰富的经验，在此基础上形成了独到的造园美学理论见解。他为自己营建过三处宅园，在当时都曾名噪一时。李渔所著的《闲情偶寄》中的《居室部》《器玩部》和《种植部》是继明代《园冶》一书之后又一部有世界影响力的造园学名著,其在很大程度上受到了《园冶》和《长物志》的影响。

(3) 陈植（1899—1989年）及其园林研究

我国杰出的造园学家和现代造园学的奠基人,与陈俊愉院士、陈从周教授一起并称为"中国园林三陈"。陈植从20世纪50年代起就开始进行《园冶》一书的注释工作,与刘敦桢、童寯、刘致平等诸位先生相互切磋,分别增补、订正,力求做到真实地反映该书的特色,使学术界可以看到一本完整的《园冶》。遗著《中国造园史》是造园专业学者的学术考证与实物修复的依据。

(4) 童寯（1900—1983年）与《江南园林志》

建筑学家,建筑教育家。他的作品凝重大方,富有特色和创新精神,对继承和发扬我国建筑文化,并借鉴西方建筑理论和技术方面有重大贡献。在20世纪30年代初期,他遍访苏、浙、沪六十多处园林,广泛收集资料文献,是我国近代造园理论研究的开拓者。所完成的《江南园林志》一书,是中国最早采用现代方法进行测绘、摄影的园林专著。书中许多园林今早已荡然无存,因此其测绘图纸和照片都格外珍贵。

(5) 陈从周（1918—2000年）与《苏州园林》和《说园》

自1951年起开始进行古典园林、古建筑的勘测与保护工作,尤其对造园具有独到见解,后专门从事古建筑、园林艺术的教学和研究。1956年出版的《苏州园林》是我国当代第一本有关园林的专著,对于古建筑和古园林理论有着深入的研究、独到的见解。《说园》一书围绕中国园林的"独特风格"展开,按照造园所要考虑的问题,从动、静基本风格入手,再重点介绍园林的布局、景物安排以及地址选择,指导因地制宜造出不同风格的园林。

(6) 刘敦桢（1897—1968年）与《苏州古典园林》

中国建筑教育及中国古建筑研究的开拓者之一,中国科学院院士。在中国古建筑史研究领域中,与梁思成先生齐名,有着"南刘北梁"的称谓。著有《苏州古典园林》一书,对现存的从明、清两代为主的苏州私家园林,进行了多方位的细致剖析，也是对中国古代造园史在一定历史时期和一定地域的实践成果所进行的一次较全面深入的总结。

（7）周维权（1927—2007年）与《中国古典园林史》

长期从事建筑教育、设计工作，以及中国园林和中国建筑的研究工作，为我国城市规划、建筑设计和风景园林事业作出了重大贡献，在业内也享有极高的声望。主要学术著作有《颐和园》《中国名山风景区》《中国古典园林史》等。《中国古典园林史》将现存记载的中国古典园林划分为五个时期，既分别作总的论述，也着重列举有代表性的作品加以分析评价。

第4节
结　语

　　苏州古典园林是祖国重要的文化瑰宝，在世界上也占有重要的地位。新中国成立前的古典园林历尽沧桑，许多园林破败不堪。新中国成立后，于20世纪50年代之初开始抢救性修复，先后修复了拙政园、留园、狮子林、寒山寺、沧浪亭等著名古典园林，奠定了苏州园林保护和发展的重要基础。尽管20世纪60年代到70年代一些园林遭受损坏，但幸运的是20世纪70年代末苏州成为国家提出"要全面保护古城风貌"的唯一古城，古典园林得以蓬勃发展。随后先后修复了耦园（中、西部）、北寺塔、鹤园、曲园、天香小筑、网师园云窟、听枫园、艺圃、环秀山庄、拥翠山庄等，扩大了苏州园林群体性保护的范围，对苏州园林的保护取得了重大的成就。20世纪90年代中期开始的苏州古典园林申报世界文化遗产项目，历经6年的不懈努力，九座古典园林先后列入《世界遗产名录》。至此，苏州园林得到了系统性保护和全面整治，赢得了国际国内的广泛赞誉。

第2章

苏州古典园林
造园理论

第1节
苏州古典园林基本概况

中国园林源远流长，享誉世界，与西亚园林、欧洲园林并称为世界三大造园体系。"江南园林甲天下，苏州园林甲江南"，因此苏州园林是中国园林的典型代表。

苏州城具有两千五百多年悠久历史。公元前514年，吴王阖闾在此建都，令伍子胥"相土尝水，象天法地"，建阖闾大城，自此之后，苏州城保持了两千五百多年基本不变的格局。唐杜荀鹤有诗赞苏州："君到姑苏见，人家尽枕河。古宫闲地少，水港小桥多。"形象地反映了苏州"小桥、流水、人家"的水乡特色。苏州不仅具有悠久的历史，同时还是一座文化之城、园林之城。苏州园林溯源于春秋。在清同治年间的《苏州府志》中曾记载："笮家园，在保利桥南，古名笮里，吴大夫笮融居所"[1]。明代建园之风尤盛，并一直得以延续到清代，据不完全统计，见于史载的苏州城区内园林明代一百四十余处，清代一百九十多处，城区外古城范围内也有八九十处。苏州是名副其实的"园林之城"，不仅园林数量多，而且多为艺术精品。1997年，拙政园、留园、网师园、环秀山庄被联合国教科文组织列入《世界遗产名录》；2000年，又增补沧浪亭、狮子林、艺圃、耦园、退思园，一共九个园林进入《世界遗产名录》(图2.1-1)。

---

① 笮融，东汉末年豪强。

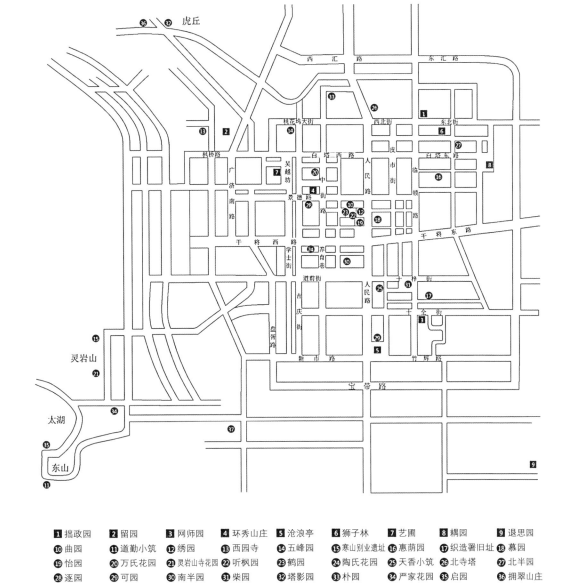

图2.1-1 苏州部分古典园林分布图

第 2 节

苏州古典园林造园思想

中国传统哲学源远流长，是中国传统思想文化的核心，对中国传统社会的各个方面产生了重要影响。中国古代环境哲学思想中最重要的关键词是"天"和"人"。被德国哲学家黑格尔称为"真正的东方哲学"的《周易》是中国传统哲学思想的根。《周易》的基本观点是把宇宙一切看作是自然：无极生太极，太极生两仪（阴和阳），两仪生四象（太阳、少阳、少阴、太阴），四象生八卦，八卦生万物。这一基本观点表明：人是自然的产物，强调客观自然与人的统一。传统哲学中，庄子认为"天地与我并生，而万物与我为一"，老子提出"王法地，地法天，天法道，道法自然"。这些都明确了"天人合一"的哲学思想，强调人类社会是整个自然界的一部分，天、地、人最后都统一于自然，强调人道要服从天道，人道要体现和践行天道。崇拜自然，平等、宽容、仁爱地善待天下万物，做到与自然万物和谐融洽。这种"天人合一"，人与自然和谐的思想，是古代中国人对宇宙、自身关系的认识，也是一种悠久的生活智慧。

受传统哲学思想的影响，"道法自然""天人合一"成为中国古典园林的基本理念。中国园林强调对自然的尊重，崇尚人与自然的和谐，重"天道"与"人道"的统一，不论是皇家苑囿还是私家园林，都以追求人为环境与自然环境的融合为重心，体现一种"虽为人作，宛若天成"的自然观。

以表现自然美为主旨的山水诗、山水画和山水园林的出现、发展，贯穿了人与自然和谐统一的哲学观念，也深刻影响着中国园林艺术的创作。唐宋后期由于受到文人写意山水画的深刻影响，中国园林成为文人写意山水模拟的典范。自然风景以山水为地貌基础，以植被作为装点，山水植物乃是自然风景的基本要素原始状态，但是由于大量画家和诗人等文人参与了园林设计，促进了园林对意境美的发掘。许多造园原则来源于绘画和诗歌的启发，因而中国古典园林不是一般地利用或者简单地模仿这些构成要素，而是根据画意有意识地加以改造、调整，从而展现出精炼概括的、典型化的自然。

园林在形成与发展过程中，始终与山水画、山水诗乃至山水文学紧密相关。苏州自古经济富庶，崇文重教而又海纳百川，是人才荟萃之地，文学家陆机、诗人陆龟蒙、书法家张旭、政治家范仲淹、田园诗人范成大、思想家顾炎武、小说家冯梦龙和吴门四家等都与苏州渊源颇深。明清时期，苏州更是高官显贵辈出。"吾国凡有富宦大贾文人之地，殆皆私家园林之所荟萃"。这些名人大家具有极高的美学素养，他们对园林的积极参与，使得苏州古典园林更注意文化和艺术的和谐统一，呈现小巧、自由、精致、淡雅、写意见长的特色。

苏州私家园林的建造者或拥有者，常常是那些告老还乡的官员、躲避官场的隐士或是流连秀美环境的富商巨贾，他们以隐于"山林"的方式消极回

图2.2-1　如诗如画的园林

避对现实的不满。大诗人白居易亦"大隐住朝市，小隐入丘樊。丘樊太冷落，朝市太喧嚣。不如作中隐，隐在留司官"。道家超凡脱俗，回归自然的出世思想也深刻影响着苏州园林的营造。"以隐逸为高，以游放山水为傲，于山水佳美之处，广置庄园，与志同道合的文人名士、僧道悠游其间，或徜徉在山水之间，或在琴棋书画间饮酒，谈玄赋诗"成为这些名人雅士的追求，园林作为隐逸文化的产物，逐渐成为文人退居的宅第。

富庶的地域条件以及发达的文化基础，为苏州古典园林的发展创造了基本条件。中国传统哲学又深刻影响着中国园林造园思想，"师法自然"，与自然和谐共处成为苏州古典园林显著的文化特征。在这个大的文化特征下，源于自然而高于自然、人工建造与自然融合、诗情画意写入园林，典雅、含蓄、隐逸、意境深邃，形成了苏州古典园林的具体特点（图2.2-1）。

第 3 节
造园的基本理论

3.1　古代造园理论专著

　　我国造园历史悠久，江南的私家造园在广泛实践的基础上积累了大量创作和实践的经验，文人、造园家与工匠三者的结合又促成这些宝贵经验向系统化和理论性方面升华。出现许多有关园林的理论著作，一些颇有见地的关于园林的议论、评论也散见于各种著述中。这其中专门成书的《园冶》《一家言》《长物志》是比较全面而有代表性的三部著作。这三部著作内容以论述私家园林的设计艺术为主，包括叠山、理水、建筑、植物造景等，也涉及一些园林美学的范畴。它们是私家造园专著中的代表作，也是文人园林自两宋发展到明末清初时期的理论总结。

3.1.1　《园冶》

　　作者计成，这是一部明朝时期全面论述江南地区私家园林的设计、施工以及各种局部、细部处理的综合性著作，被誉为我国最早和最系统的造园著作，是世界造园名著之一。全书三卷十三篇，其中"第一卷"包括"兴造论""园说""相地""立基""屋宇""列架""装折"等综合性概论；"第二卷"是专论，主要是总结栏杆的样式并附图；"第三卷"是具体操作方法，包括"门窗""墙垣""铺地""掇山""选石""借景"等的常见形式和做法，并附图样。

　　《园冶》的造园要义归纳如下：

（1）"能主之人"是营造园林的先决条件

原文："世之兴造，专主鸠匠，独不闻'三分匠、七分主人'之谚乎？非主人也，能主之人也。"（第一卷·兴造论）。

世人建造园林，以为工匠为主，却不知道"三分匠、七分主人"的谚语，这里的主人不是指园林的拥有者，而是说能够主持造园的人。《园冶》开篇首先就提出得当的主持者是造园成功的基础。"三分匠、七分主人"，"能主之人"是整个园林建造活动的核心，是沟通园林主人和一般工匠之间的桥梁纽带。这句话说明了设计师的重要性。画论中常说"意在笔先"，好的设计或者好的构思是在动手之前就应该完成的，能主之人就是有思想、能总体考虑造园各个细节的人。

（2）"巧于'因''借'，精在'体''宜'"是营造园林的方法

原文：园林巧于"因""借"，精在"体""宜"。"因"者：随基势之高下，体形之端正，碍木删桠，泉流石注，互相借资；宜亭斯亭，宜榭斯树，不妨偏径，顿置婉转，斯谓"精而合宜"者也。"借"者：园虽别内外，得景则无拘远近，晴峦耸秀，绀宇凌空；极目所至，俗则屏之，嘉则收之，不分町疃，尽为烟景，斯所谓"巧而得体"者也。（第一卷·兴造论）。

园林营造要"巧于因借""精在体宜"。"因""借"是手段，"体""宜"是目的。借景时随着地势的高下、修整地形，长得有妨碍的树木砍掉枝杈，有流动的泉水引到石间，互相借用具有优势的地方。适合建造亭的地方建造亭，适合建造榭的地方建造榭，园中小路蜿蜒曲折，意在曲折自然能够引入到园林更深处，这就叫做"精而合宜"。所谓"借"，园林虽然有内外的区别，但是景色的获得不限于距离的远近。晴天一碧，山峦耸翠的秀丽，古刹凌空，殿阁崔巍的胜景，在眼睛所能看到的地方，屏蔽俗物，尽收佳境，不问草莽田野，尽化为烟云缥缈的景色，这就叫作"巧而得体"。

原文："构园无格，借景有因。切要四时，何关八宅。""因借无由，触情俱是。夫借景，林园之最要者也。"（第三卷·借景）。

《借景》中先提"构园无格，借景有因。切要四时，何关八宅"，指造园虽然没有不变的格式，借景却有一定的依据，强调必须审度四时之景和周边环境，与风水八宅之说无关。虽然说园林是空间的建筑，但时节变迁、朝暮不同、阴晴雨雪，自然时空的变化都会给各个景点带来不同的意境，所以才能在几亩之园中有因四时之景不同而乐亦无穷的感受。其后又提"因借无

由，触情俱是"，意思是借景没有一定的缘由也没有定式，只要能够触景生情的都能够借之为景。"借景有因""因借无由"这两句话看似矛盾，实际上是同一个道理，前者讲造园要因地制宜，不应拘泥于程式；后者强调造园构景要有感而发，触景生情。因此要灵活运用各种造园手法，一切可借之景都可为我所用。

原文：倘嵌他人之胜，有一线相通，非为间绝，借景偏宜；若对邻氏之花，才几分消息，可以招呼，收春无尽。架桥通隔水，别馆堪图；聚石叠围墙，居山可拟。（第一卷・相地）。

借景要因地制宜。如果要利用别处的胜景，只要有一线相通，就不要隔绝，尽量借景。邻家花木可以利用以增加春色。水面阻隔可以架桥沟通两岸，并建构馆舍。石块可以垒成围墙，便有山林气氛，仿佛居住山林之中一样。

计成非常重视借景，认为它是"林园之最要者"，可分为远借、近借、邻借、实借、虚借及应时而借等形式，不仅以整节的篇幅讨论，在其他章节中也不断提及，可见其重要性。

（3）"虽由人作，宛自天开"是营造园林的境界

原文："凡结林园，无分村郭，地偏为胜，开林择剪蓬蒿；景到随机，在涧共修兰芷。……围墙隐约于萝间，架屋蜿蜒于木末。山楼凭远，纵目皆然；竹坞寻幽，醉心既是。轩楹高爽，窗户虚邻；纳千顷之汪洋，收四时之烂漫。梧阴匝地，槐荫当庭；插柳沿提，栽梅绕屋；结茅竹里，浚一派之长源；障锦山屏，列千寻之耸翠，虽由人作，宛自天开。"（第一卷・园说）。

凡是建造园林，不分城市农村，以僻静的地方为宜。开辟山林时要修整杂草，因借自然环境营造景观，在涧流边都应栽培整理兰花芷草。……围墙隐约在藤萝之间，远处的房屋蜿蜒曲折，如同悬挂在树梢之上。在山楼上凭栏远眺，洋洋大观一目了然；漫步竹林寻幽探胜，处处都是醉人风景。屋宇高爽、窗户敞亮，能够接纳千里汪洋的水景，收揽四季烂漫的花信。梧桐的影子覆盖遍地，槐树的荫凉撒满庭院；沿堤栽杨柳，绕屋种梅花：在竹林中修葺茅屋，疏浚水道引出一派长流；面临似锦的山屏，排列百丈青翠。这些虽由人力建造而成，却看起来如同天工开辟一般。"虽由人作，宛自天开"是营造园林的最高境界，其包含着两层意思：一是人工创造的山水环境，必须予人以一种仿佛天造地设的感觉；二是建筑必须协调于山水环境，不可

喧宾夺主。《园冶》提倡在造园时一切以遵从自然、效法自然为原则，在园林的建造过程中，大到园林的整体布局和规划，小到园林中各部件的构造细节，都应不露人工痕迹，彰显"天人合一"的和谐设计理念。（图2.3-1、图2.3-2）。

图2.3-1　虽由人作，宛自天作　　　　　　　　　　图2.3-2　槐荫当庭

（4）"涉门成趣，得景随形"是园林选址的奥秘

原文："园基不拘方向，地势自有高低；涉门成趣，得景随形，或傍山林，欲通河沼……如方如圆，似偏似曲；如长弯而环璧，似偏阔以铺云。高方欲就亭台，低凹可开池沼"（第一卷·相地）。

造园选址可以不用考虑朝向，地势可以随高就低，只需入园便有有趣的景致，随地形取景，有山林的依傍山林，有水系的连通河沼……园的布局，要利用天然的地势，合于方的就其方，适于圆的就其圆，可扁的就其扁，能曲的就其曲。如遇长而弯的就成环璧布局，高而规整的地方可建亭台，地凹处可挖水池，选址借助自然环境营造景观，能形成天然雅趣。

（5）"相地合宜，构园得体"是园林构图的关键

原文："卜筑贵从水面，立基先究源头，疏源之去由，察水之来历。临溪越地，虚阁堪支；夹巷借天，浮廊可度。""多年树木，碍筑檐垣；让一步可以立根，研数桠不妨封顶。斯谓雕栋飞楹构易，荫槐挺玉成难。相地合宜，构园得体"（第一卷·相地）。

园林选址最好靠近水面。位置要先探查水的源头，疏导水的出路，考查

水的来由。临溪可跨水设虚阁,夹巷可凌空架浮廊。场地上如果有多年树木妨碍了建筑,可让建筑退让树木,并修剪枝条,但不可随便砍伐。因为雕梁画栋容易,古树成荫不易!园林选址合宜,构图要因地制宜。

(6)"一室半室,按时景为精"是园林建筑布局的要点

原文:"凡园圃立基,定厅堂为主。先乎取景,妙在朝南。"(第一卷·立基)"凡家宅住房,五间三间,循次第而造;惟园林书屋,一室半室,按时景为精。"(第一卷·屋宇)。

园林构图要先确定厅堂位置,首先注意取景,方向以朝南最好。家宅住房尽管只有三五间,也要按照规制依次序布局,但是园林建筑不同于一般住宅建筑,哪怕一室半室都要"按时景为精",根据园林景致布局。

(7)"有真为假,做假成真"是园林掇山的根本

原文:深意画图,余情丘壑;未山先麓,自然地势之嶙嶒;构土成冈,不在石形之巧拙;宜台宜榭,邀月招云;成径成蹊,寻花问柳……山林意味深求,花木情缘易逗。有真为假,做假成真。(第三卷·掇山)

掇山要效法山水画的深远意境,要使丘壑有余情不尽之感。堆山前先考虑好山麓,要有嶙嶒之自然地势,堆土成山岗,不需要考虑石头形状,适宜建平台就建平台,适宜建水榭就建水榭,路径随地形起伏,可以邀月招云,可以寻花问柳。山林意境花木丛生,用真山意境堆山,堆的假山要像真山一样。胸有丘壑,师法自然,作假成真,这是园林掇山的根本(图2.3-3)。

图2.3-3 掇山之成径成蹊

《园冶》是当之无愧的世界造园名著之一。全书言简意赅，理论与实践相结合，技术与艺术相结合，叙述了中国古典园林设计的精妙艺术和工匠的高超技艺，直到今天也是值得认真学习和研究的专著。

3.1.2 《一家言》

《一家言》又名《闲情偶寄》，作者李渔，字笠翁，钱塘人，生于明万历三十九年（1611年）。李渔是一位兼擅绘画、词曲、小说、戏剧、造园的多才多艺的文人，平生漫游四方、遍览各地名园胜景。自诩生平有两绝技"一则辨审音乐，一则置造园亭"。《一家言》共有九卷，共八个部分，其中第四卷《居室部》是建筑和造园的理论，分为房舍、窗栏、墙壁、联匾、山石五节。《一家言》造园思想及理论要义归纳如下：

（1）"因地制宜，不拘成见"的造园思想

原文："创造园亭，因地制宜，不拘成见，一榱（cuī）一桷（jué），必令出自己裁。"（居室部·房舍）。

建造园亭，要因地制宜，不拘泥于旧的模式，每一个细节都要自己设计。李渔竭力反对墨守成规，提倡要勇于创新。对于那些"立户开窗，安廊置阁，事事皆仿名园"的做法，提出批评的意见，提出因地制宜，不拘成见的造园思想。

（2）"贵新奇大雅，不贵纤巧烂漫"的园林风格

原文："土木之事，最忌奢靡……盖居室之制，贵精不贵丽，贵新奇大雅，不贵纤巧烂漫。"（居室部·房舍）。

兴建房屋，最忌讳奢侈浪费。建造居室的法则，贵在精致而不是华丽，贵在新奇高雅而不是纤巧烂漫。李渔认为喜欢富丽堂皇的人并不是真的喜欢富丽堂皇，而是因为他不能标新立异所以只能以此搪塞。创新是李渔始终提倡的。

（3）"房舍忌似平原，须有高下之势"的空间层次

原文："房舍忌似平原，须有高下之势，不独园圃为然，居宅亦应如是。前卑后高，理之常也。然地不如是，而强欲如是，亦病其拘。总有因地制宜之法：高者造屋，卑者建楼，一法也；卑处叠石为山，高处浚水为池，二法也。又有因其高而愈高之，竖阁磊峰于峻坡之上；因其卑而愈卑之，穿塘凿井于下湿之区。总无一定之法，神而明之。"（居室部·房舍）。

房屋忌讳建造得像平原，必须有高低起伏，不仅园圃如此，住宅也应如此。通常布局是前面低后面高，如果地势不允许，而勉强这样，就犯了拘泥的毛病。总有因地制宜的方法：方法一是地势高的地方建造房屋，地势低的地方建造楼宇。方法二是在地势低的地方垒石成山，高处引水建池。也可以在高的地方建造亭阁或山峰，使高处更高；或者在地势低的地方挖塘凿井，使低处更低。总之没有一定的法则，主要在于因势利导。

（4）"开窗莫妙于借景，取景在借"的造景手法

原文："开窗莫妙于借景。""此窗不但娱己，兼可娱人。""同一物也，同一事也，此窗未设以前，仅作事物观；一有此窗，则不烦指点，人人俱作画图观矣。"（居室部·窗栏）。

开设窗户最妙的莫过于借景。开窗借景可以娱己娱人。同样的一件事物，此窗未设以前，仅作为普通事物来看；一有此窗，则不需要指点，人人都把它为作图画观赏。

原文："……观山虚牖，名'尺幅窗'，又名'无心画'。""非虚其中，欲以屋后之山代之也。坐而观之，则窗非窗也，画也；山非屋后之山，即画上之山也。"（居室部·窗栏）。

观山的虚窗，叫"尺幅窗"，又名"无心画"。窗户空白的部分，并不是真的中空，而是用屋后的山来替代。坐而观之，则窗户不是窗户，而是一幅画；山也不是屋后的山，是画上的山（图2.3-4、图2.3-5）。

图2.3-4 "无心画"一　　　　　　图2.3-5 "无心画"二

（5）"窗之外廓为画，画之内廓为山"是无心画设计的要点

原文："凡置此窗之屋，进步宜深，使座客观山之地去窗稍远，则窗之外廓为画，画之内廓为山，山与画连，无分彼此，见者不问而知为天然之画矣。浅促之屋，坐在窗边，势必倚窗为栏，身之大半出于窗外，但见山而不见画，则作者深心有时埋没，非尽善之制也。"

安放山水图画的房屋，进深要深，才能使宾客在离窗稍远的地方观赏山水，这样窗的外框就勾勒了一幅画，画的核心就是山，山与画相连不分彼此，凡是观赏的人自然都会把它当作天然画图。如果房屋进深不够，坐在窗边就会依窗观看，因为大半个身子都探出窗外，就只能见山不见画，这样就辜负了设计者的苦心，不是完美的形式。

（6）"以一卷代山，一勺代水"的写意手法

原文："幽斋磊石，原非得已。不能致身岩下，与木石居，故以一卷代山，一勺代水，所谓无聊之极思也。然能变城市为山林，招飞来峰使居平地，自是神仙妙术……且垒石成山，另是一种学问，别是一番智巧。"（居室部·山石）。

人们因为不能经常置身于大自然环境之中，不得已只好在建筑内垒石。不能置身自然岩石下依傍花木山石而居，只好以"一卷代山，一勺代水"模拟自然，这是没有办法的办法。将城市变为山林，将飞来峰移到平地，这是像神仙妙术一样神奇。……垒石成山，是一种学问，别有一番智慧与技巧。

（7）"莫便于捷，而又莫妙于迂"的路径设置

原文："径莫便于捷，而又莫妙于迂。凡有故作迂途，以取别致者，必另开耳门一扇，以便家人之奔走，急则开之，缓则闭之，斯雅俗俱利，而理致兼收矣。"（居室部·房舍）。

最方便的路就是捷径，最巧妙的路就是迂回曲折的小径。凡是故意迂回来达到别具一格的小径，要另外开设边门，以方便家人出入。紧急时打开，没有急事就关闭。这样就兼具了雅致和实用。

（8）"正面为山，背面作壁"的掇山手法

原文："山石之美者，俱在透、漏、瘦三字。此通于彼，彼通于此，若有道路可行，所谓透也；石上有眼，四面玲珑，所谓漏也；壁立当空，孤峙无倚，所谓瘦也。""凡累石之家，正面为山，背面皆可作壁……但壁后忌作平原，令人一览而尽。须有一物焉蔽之，使座客仰观不能穷其颠末，斯有万

丈悬岩之势，而绝壁之名为不虚矣。蔽之者维何？曰：非亭即屋。""山之小者易工，大者难好。""瘦小之山，全要顶宽麓窄，根脚一大，虽有美状，不足观矣。""假山无论大小，其中皆可作洞。洞亦不必求宽，宽则藉以坐人。如其太小，不能容膝，则以他屋联之，屋中亦置小石数块，与此洞若断若连，是使屋与洞混而为一"。

山石的美，都在透、漏、瘦三字。石纹彼此相通，好像有路可以通行，这叫透。石上有眼，四面玲珑，这叫漏。景石当空直立，独立无依，则叫瘦。凡是垒石的院落，正面是石山，背面可以垒成峭壁。但是峭壁后不要留太大平地，要让人一览山势。峭壁前应该有亭或屋宇之类遮挡，使客人抬头仰望不能看到山巅全貌，这样才能有万丈悬崖的气势，使绝壁名副其实。小山好堆，体量大的山难掇。瘦小的山要顶宽底窄，山脚过大，即使有好的形状也不值得观赏了。假山无论大小，都可以做洞穴，洞不必太宽，宽的可以坐人，窄的不够坐人的话可以将洞和房屋连接，房屋中放几块小石块，好似与山洞若断若连，跟建筑融为一体。

《闲情偶寄》是一部与众不同的著作，除了谈及一些居室、山石布局的法则外，还花大量篇幅介绍六十四种植物的种植，通过对花木的韵味、品格和灵性内在美的欣赏，提出具有中国传统特色的审美理想。

3.1.3 《长物志》

《长物志》的作者文震亨，他能诗善画，多才多艺，对园林有比较系统的见解，可视为当时文人园林观的代表人物。《长物志》共十二卷，其中与造园有直接关系的为《室庐》《花木》《水石》三卷。《室庐》卷对不同功能、性质的建筑，门窗设置及居室内部陈列布置等分为十七节进行了详细论述。《花木》卷分门别类地列举了园林中常用的四十二种观赏树木和花卉，详细描写它们的姿态、色彩、习性以及栽培方法，也提出园林植物配置的一些原则。《水石》卷分别讲述园林中常见的水体和石料共十八节，对水石的品评鉴赏居多。长物志的主要造园理论如下：

（1）"随方制象，宁俭无俗"的造园思想

原文："居山水间者为上，村居次之，郊居又次之。""随方制象，各有所宜；宁古无时，宁朴无巧，宁俭无俗。"（卷一·室庐）。

对于园林的选址，居住在山水间为上乘，居住在山村稍逊，居住在城郊又差些。要根据不同的类型来设置相应的形式，使之相宜，宁可古旧不可时髦，宁可简朴不可工巧，宁可拙俭不可媚俗，是文震亭的造园思想。

（2）"枝叶扶疏，位置疏密"的植物配置

原文："乃若庭除槛畔，必以虬枝古干，异种奇名，枝叶扶疏，位置疏密。或水边石际，横偃斜披；或一望成林；或孤枝独秀。草木不可繁杂，随处植之，取其四时不断，皆入图画。"（卷二·花木）。

庭院中花木的选材种植，须得古雅，有意趣。庭院边、栏槛之畔，必当用虬劲的枝条，古意盎然的树干，品种奇异，种植位置疏密有致。要么在水边石旁，横卧斜披；要么一望成林；要么孤植一棵，有一枝独秀之景。草木不能种得太繁杂，也不能随处种植，要使其四季风景不断，都可以入画境（图2.3-6）。

（3）"一峰则太华千寻，一勺则江湖万里"的叠山理水手法

原文："石令人古，水令人远。园林水石，最不可无。要须回环峭拔，安插得宜。一峰则太华千寻，一勺则江湖万里。"（卷三·水石）。

石令人发幽古之思，水给人宁静致远之感，园林之中，水、石最不可缺少。水、石要设计得回环峭拔，布局得当。造一山则有华山壁立千寻的险峻，设一水则有江潮万里的浩渺（图2.3-7）。

图2.3-6　古意盎然的植物　　　　　　　图2.3-7　一峰则太华千寻

3.2　近现代造园理论专著

现代造园理论专著影响力比较大的有《江南园林志》《园冶注释》《园林

谈丛》《苏州古典园林》等，这些理论与古代造园思想一脉相承。

3.2.1 《江南园林志》

童寯的《江南园林志》是近代对园林分析最早的著作。童寯先生早年曾遍访江南园林，以其多年实地考察和研究心得，于1937年写成本书。从泛论我国传统造园技术和艺术的一般原则入手，有重点地介绍了江南地区著名园林的结构特点、历史沿革和兴衰演变过程。该书是自明末《园冶》以来，我国造园方面最伟大的一部著作。通过该书可较全面地了解20世纪30年代江南地区园林的概况。

3.2.2 《园冶注释》

《园冶注释》是我国造园学的创始人陈植先生为《园冶》一书所做的注释。《园冶》自清代传入日本后，于国内渐趋失传。直至20世纪30年代，中国营造学社朱启钤、阚铎等人，以北京图书馆所购明版《园冶》残本，与日本内阁文库藏本参照校录、分别句读，将该书付印出版。营造本《园冶》成为陈植先生注解、研究的参照。为求古为今用，不使祖国造园艺术及造园经验失传，陈植先生早在20世纪50年代起就开始着手《园冶》一书的注释工作，极大地推动了中国传统园林及相关领域的研究。

3.2.3 《园林谈丛》

《园林谈丛》出版于1980年，集陈从周先生二十多年来对园林艺术的理解，内容涉及广泛。全书分为几个部分：说园、续说园、苏州园林概述、苏州三座园林以及其他地方的典型园林，详细描述了苏州园林从建筑、叠山理水、植物这几个方面体现出的造园理论和技艺。陈从周先生认为：苏派建筑注重园林布局、追求曲折之致，园林布局讲究结构，布置曲折幽深，直露中要有迂回，舒缓处要有起伏，即讲求"藏"的意蕴。苏州园林中的亭台楼阁多处于市井之中，并与住宅相结合，建筑物一般较为玲珑轻巧，且作为私家园林规模较小，使其能与周围环境相宜。并且，江南园林多以幽静深邃为主，建筑色彩比较朴素淡雅，能与自然环境相吻合，同时又使园内各部分自然衔接，体现自然、淡泊、恬静含蓄的艺术特色，并产生移步换景、小中见大、渐入佳境等观赏效果。园林中的叠山理水是模仿自然山水，通过人工手法把自然界中的峰峦、丘壑、悬崖放在园林中体现出来。叠山理水须以原有地形为依据，既具有自然之态又能体现出变化多端，没有特别的规定，可以是自然形成发展而来的，其中亦有一定规律可循，这就是所谓的"师古人不如师造化"。叠山理水要营造"虽由人作，宛自天开"的境界，山与水之间的关系，以及假山中峰、涧、洞等各景象的组合，要符合自然界山水形成的客观规律，且每个山水景象要素的组合要合乎自然规律。《园林谈丛》全面系统地继承了中国传统的造园理论，提出"静观和动观"之说，"为情造景"的造园理论；文中提出的"风景区建筑不能喧宾夺主""造园之理要和绘画之理与缀文之理相结合"等观点，对今天的园林建设具有重要的指导意义。书中提倡造园者要研究中国历史和中国文化，这一思想对当今园林工作者提出了更高要求。

3.2.4 《苏州古典园林》

《苏州古典园林》的作者刘敦桢，是中国的建筑学家，建筑史学家，建筑教育家。《苏州古典园林》一书是研究苏州园林的经典作品，是中国建筑史上的重要著作。全书共分总论和实例两部分。其中总论部分介绍布局、理水、叠山、建筑、花木等。实例部分共介绍十五个园林实例。《布局》篇指出，苏州各园的具体布局方式，因规模、地形、内容的不同而有所差异。中型和大型园林布局方式是：以厅堂作为全园的活动中心，面对厅堂设置山池、花木等对景，厅堂周围和山池之间缀以亭榭楼阁，或环以庭院和其他小景区，并用蹊径和回廊联系起来，组成一个可居、可观、可游的整体。为了在有限的面积内构成富于变化的风景，苏州古典园林在布局上，采取划分景区和空间的办法。规模较大的园林都把全园划分为若干区，各区都有风景主题和特色，这是我国古典园林创造丰富园景和扩大空间感的基本手法之一，划分空间的手段也是多样的，有墙、廊、屋宇、假山、树木、桥梁等。园中景物，需要有一条或几条恰当的路线把它们联系起来，在布局中处理好观赏点和观赏路线的关系。观赏点的布置要因地势高低和位置前后，或登山、或临水、或开阔明朗、或幽深曲折，以便形成多样变化。观赏路线常有两种情况：一是和山池对应的走廊、房屋、道路；一是登山越水的山径、洞壑和桥梁等。对比是艺术创作中不可缺少的手法，园林也不例外。苏州古典园林在景物的疏密，空间的开朗和幽曲，峭拔的山石和明净的水面，工巧的房屋和自然的林木，以及虚实、明暗、质感、形体等方面，都经常运用对比手法。除此之外，苏州古典园林通常在重要的观赏点有意识地组织景面，形成各种对景。

《理水》篇指出，古代匠师长期写仿自然，叠山理水，创造出自然式的风景园，并对自然山水的概括、提炼和再现，积累了丰富的经验。在组织园景方面，以水池为中心，辅以溪涧、水谷、瀑布等，配合山石、花木和亭阁形成各种不同的景色。《花木》篇指出，苏州古典园林的花木配植以不整形不对称的自然式布置为基本方式，手法有直接模仿自然，或间接从我国传统的山水画得到启示。花木的姿态和线条以苍劲与柔和相配合为多，故与山石水面、房屋有机结合。花木既是园中造景的素材，也往往是观赏的主题，园林中许多建筑物常以周围花木命以描述景色的特点。花木选用方面，主要利用当地传统的观赏植物，发挥地方性的特色。根据花木的种类姿态色香等不同的特点，在配植方面有不同的形式，如：孤植、群植、丛植。由于苏州古典园林的空间变化很多，因此植物配植的形式也因地制宜，随之而异。

苏州古典园林的
构成元素

中国古典园林由具象元素和抽象元素组成。具象元素是指反映景观真实形象、比例、色彩、质感、明暗等的元素，包括：地形、建筑、山石、水、植物等。抽象要素是指通过事物具体形态使人产生联想的元素，包括气候物象、楹联题额等。

第 1 节

具象元素及经营布局

山峦石峰、溪池泉瀑、建筑花木是组成园林欣赏空间的主要实体形象，所以通常我们说山石、水体、建筑、植物为园林四大要素。苏州园林的特点之一就是通过掇山理水、建构建筑、种植花木，使整体空间张弛有度，壶中天地宛如自然天成。

1.1 地形塑造与山石布局

中国园林以自然山水园为代表，造园的第一步就是塑造地形。地形是园林的骨架，在很大程度上影响着空间的大小开合变化。地形是所有景观元素的载体，所有构景元素与地形一起构成了风景。

地形塑造在古典园林中具有十分重要的作用，具体表现在如下五个方面：

（1）地形塑造是实现园内分隔空间的有效手段。中国园林之营造，善于根据用地功能和造景条件的不同，将园林分隔成若干个各具特色、功能相异的景区，形成园中之园。为了避免不同景区间的互相干扰，便需要在各个景区之间设置适当的屏障，对园林进行空间分隔。如果使用院墙来分隔空间，会使园林生硬、割裂；若采取适当的地形、水体及堆山、挖河、筑池等手法，再在山岗上栽植草木，则既实现了园林的分隔围合，又能增添园林的自然气息。由此所形成的景观，就会显得自然而富有生机。

（2）地形能够形成各种游览空间。《园冶》在掇山中描述到"蹊径盘且长，峰峦秀而古。多方景胜，咫尺山林，妙在得乎一人，雅从兼于半土。"园林的游路设计是随着园林的地形变化展开的，游览进程中的景观随着足下的高低曲折变化，在空间感受上有开合收放、轻重俯仰等多方面的变化和对比，景观也随之富有节律性的艺术变化。

（3）地形有助于多种造园艺术手法的采用。进行园林地形改造时，为丰富其内容，就需采用障景、借景、框景、夹景、抑景等多种造园艺术手法，以求提高园林景观的艺术审美价值（图3.1-1）。

（4）地形改造能够改善园林内的小气候。园林内的地形经适宜改造后，其所营造的地势、水体就能对改善该园林内的小气候产生积极的作用。

（5）地形有利于园林地表的排水。通过挖湖堆山、改造地形，可以使园林地面形成多个起伏的坡面，便于排水。

1.1.1　掇山

地形塑造中最引人注目的便是堆山。《韩诗外传》曾说："夫山者，万民之所瞻仰也。草木生焉，万物植焉，飞鸟集焉，走兽休焉，四方益取与焉，出云道风，嵷（sǒng）乎天地之间。天地以成，国家以宁"。山地丰富的景观信息，使古代造园家即使在有限的空间里也能创造出"咫尺山林"（图3.1-2）。

图3.1-1　沧浪亭地形营造　　　　　图3.1-2　网师园黄石假山

堆山也称作叠山、掇山，是中国园林艺术的特点之一。"未山先麓，自然地势之嶙峋；构土成冈，不在石形之巧拙；宜台宜榭，邀月招云；成径成蹊，寻花问柳。临池驳以石块，粗夯用之有方；结岭挑之土堆，高低观之多致；欲知堆土之奥妙，还拟理石之精微。山林意味深求，花木情缘易短。有真为假，做假成真"，《园冶》中这段话生动地说明了掇山的方法和作用。

根据堆山的位置，假山可以分为园山、庭山、楼山、池山等，每种堆山各有要义。"园中掇山……就前三峰，楼面一壁而已。是以散漫理之，可得佳境也。"此为园山。而庭山就是依墙壁叠石或就墙中嵌山石，也可以山顶"植卉木垂萝，似有深境也"。楼山，可以叠石成楼基、踏跺、楼梯等。如果在楼前掇山，山宜堆高，才能引人入胜；但如果堆得过高还会有压迫感，则"不若远之，更有深意"。池山是园林景致最好的，"池上理山，园中第一胜也。若大若小，更有妙境。就水点其步石，从巅架以飞梁；洞穴潜藏，穿岩径水；风峦飘渺，漏月招云；莫言世上无仙，斯住世之瀛壶也。"

根据堆山的材料，假山又分为土山、石山、土石山等类型。

其中，土石山即土与山石相互堆叠而成的假山。其有石可成形，有土可生草木；可以有土包石，也可以有石包土。土石山的塑造，并非随心所欲，而是遵从画意，山峰有主次，山脉有延绵，整体有"三远"，山形四面可观，山景虚实得当。具体而言，就是：

（1）山峰有主有次，相互呼应。山体主次分明、构图和谐、高低错落、前后穿插、顾盼呼应，忌"一"字罗列，忌"笔架山、馒头山"等对称形象。如《说园》中总结的"要突出群山的主山和主峰，要主、次、配分明，宾主的关系不仅表现在一个视线方向上，而且要在视线的范围内"。

（2）山脉有延绵，气脉相通。常言道：山贵有脉，水贵有源。山形应追求"左急右缓，莫为两翼"，造成山脉延绵的效果。"园林设景要有呼应，山体的脉络，岩层的走向，峰峦的向背俯仰，要相互关联，气脉相通。宾主之间有顾盼，层次之间相衬托"。

（3）考虑山的"三远"效果。"山不在高，贵有层次"。宋代郭熙《林泉高致》谓"山有三远，自山下而仰山巅，谓之'高远'；自山前而窥山，后谓之'深远'；自近山而望远山，谓之'平远'。"所谓：高远——从下仰视山麓，追求山挺拔、俊秀、险峻的效果。深远——两山相夹，从山前看山后，追求山景延绵不断的效果。平远——开阔的背景下，自近山望远山，追求山体宁静柔和的曲线美效果。

（4）考虑四面观山，山形步移景异。从山麓到山顶要有波浪似的起伏，山与山之间要有宾主层次，形成全局的大起伏。山的起角要有弯环曲折，形成山回路转之势。注意山体四面坡度的陡缓要各不同，山形变化要多样。利用不同坡度创造山林、峡谷、丘壑、瀑布、跌水、涓流等景观。

（5）注意疏密虚实。疏是分散，密是集中；虚是无，实是有。在园林中不论群山还是孤峰，都注意按疏密虚实布置。山之虚实是指在群山环抱中必有盆地，山为实，盆地为虚；重山之间必有距离，则重山为实，距离为虚；山水结合的园林，则山为实，水为虚；庭院中的靠山壁，则有山之壁为实，无山之壁为虚。

石山是利用湖石、黄石、房山石、青石、英石、黄蜡石等堆石成山。一般多用湖石，其次为黄石。石山塑造追求造型宜朴素自然，有气势。石不可杂，纹不可乱，块不可均，缝不可多。造型上忌似香炉蜡烛，忌似笔架花瓶，忌似刀山剑树，忌似铜墙铁壁，忌似城郭堡垒，忌似鼠穴蚁蛭（图3.1-3）。

图3.1-3　苏州园林中最大的庭山

1.1.2 置石

将山石零星布置称为置石。"片山多致、寸石生情"。山石是园林中非常重要的景观元素。"园可无山，不可无石"，在园林中，没有条件堆山的话，置石是不可少的。

置石可以看作是"山峰"也可以看作"山之余脉"。置石可分为特置、群置和散置等三种形式。"石配树而华，树配石而坚"。

(1) 特置石。园林中特置的山石，也称孤赏石，是将姿态秀丽、古拙或奇特的山石、峰石单独欣赏，常置于园林建筑前、墙角、路边、树下、水畔、草坪，作为园林的山石小品以点缀局部景点。体积高大的峰石，多以瘦、透、露、皱者为佳。特置山石可以半埋半藏以显露自然之趣（图3.1-4），也可以与树木花草组合，别有风趣。更多的时候是设有基座，置于庭院中摆设。冠云峰、瑞云峰等都是著名的峰石。

(2) 群置石。由于山石的大小不等、体形各异，有时将多数山石互相搭配，成群布置，高低交错、疏密有致、前后错落、左右呼应，形成丰富多样的石景，点缀园林（图3.1-5）。

图3.1-4　特置石　　　　　　　　　　　　　　　　　　　　图3.1-5　群置石

(3) 散置石。园林中以山野间自然散置的山石为蓝本，将山石零星布置在庭院和园林的方式称为散置。散置十分普遍，明代画家龚贤所著就《画诀》言及："石必一丛数块，大石间小石，然须联络。面宜一向，即不一向，亦宜大小顾盼。石下宜平，或在水中，或从土出，要有著落。"散置山石，有单块、三四块、五六块多至数十块，大小远近、高低错落、星罗棋布，粗看零乱不已，细看则颇有规律（图3.1-6）。

图3.1-6　散置石

1.1.3　碎石与铺地

石不仅可以堆叠成景、放置成景，还可以铺砌成景。园林铺地常常利用自然的卵石、碎石、砖、瓦等材料，按照一定的方法铺设，构成丰富多样图案和一定寓意的路面。

古典园林铺地和其他园林要素一样，富含中国文化的内蕴，是中国五千年文化造就的艺术珍品。园林铺地作为园林景观的有机组成部分，起着分隔空间、组织交通、引导游览、美化环境等作用，还有排水防滑的功能。

苏州古典园林的铺地纹样十分丰富，其内容包含对宗教或礼仪需求的表达、对观念的表达、对吉祥象征的表达，以及对市井文化的体现和对文人精神的表达等（表3.1-1）。

《园冶·铺地》中所提及的铺地类型主要有花街铺地、卵石铺地、乱石地、青砖铺地、条石铺地、嵌草铺地等。

（1）花街铺地

花街铺地是用卵石、碎石、瓦条等为材料组成各种精致美妙的图形铺于地面形成的铺地（图3.1-7）。选用精刻的砖、细磨的瓦和严格挑选的色彩、

表 3.1-1　古典园林中常见的铺地纹样

铺地纹样			
铺地类型			
花街铺地			
灵木仙芝纹			

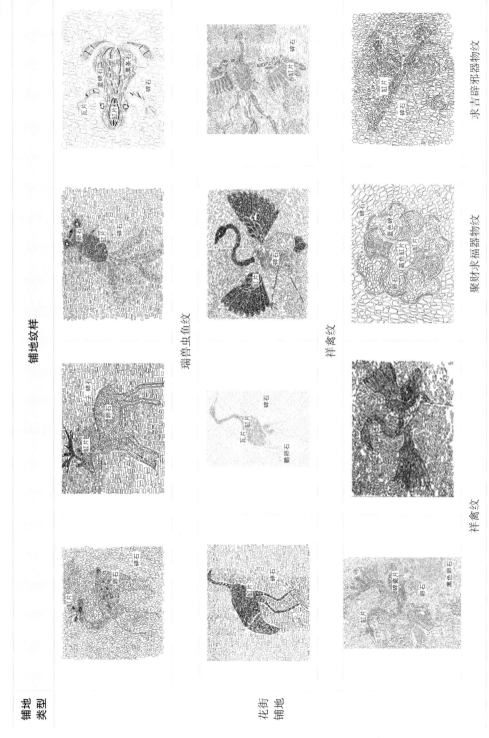

铺地纹样

铺地
类型

瑞兽虫鱼纹

祥禽纹

祥禽纹

求吉辟邪器物纹

聚财求福器物纹

花街
铺地

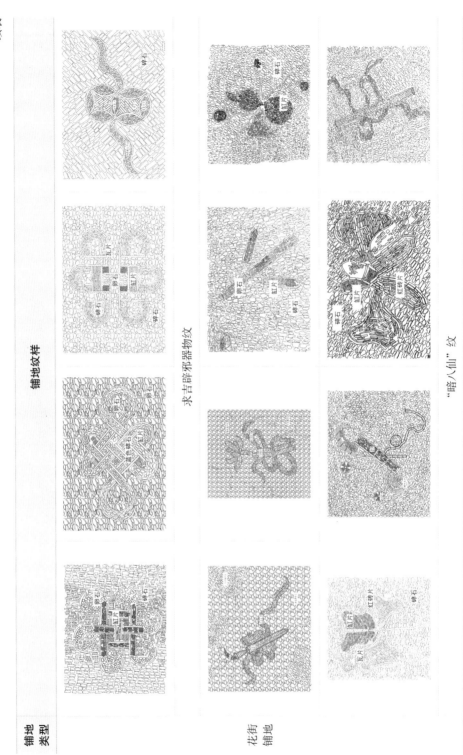

续表

铺地纹样

铺地
类型

求吉辟邪器物纹

"暗八仙"纹

花街
铺地

第3章 苏无古典园林的构成元素

铺地类型	铺地纹样			
卵石铺地				

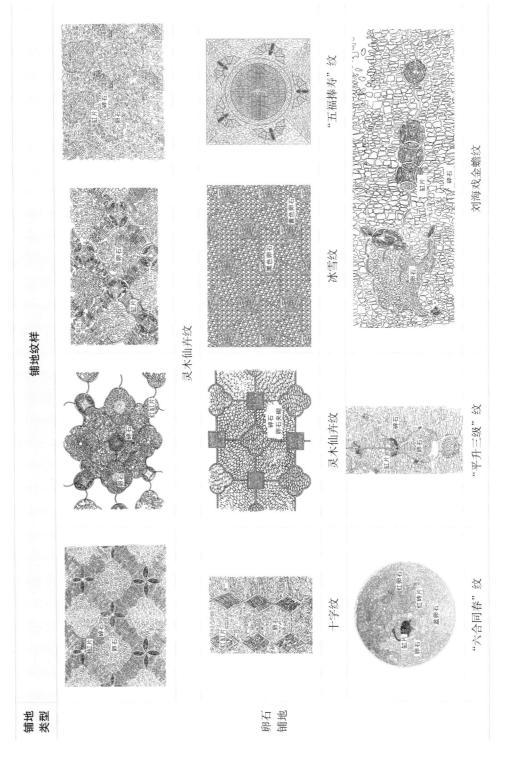

"五福捧寿"纹　刘海戏金蟾纹　冰雪纹　灵木仙弈纹　灵木仙弈纹　"平升三级"纹　十字纹　"六合同春"纹

铺地类型	铺地纹样

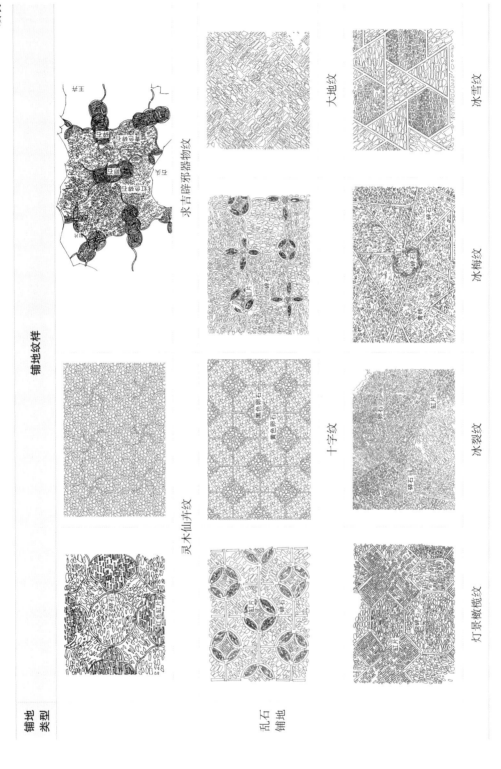

大地纹　冰雪纹　冰梅纹　冰裂纹　十字纹　灯景徹瓴纹　灵木仙卉纹　求吉辟邪器物纹

乱石铺地

铺地类型	铺地纹样			
青砖铺地	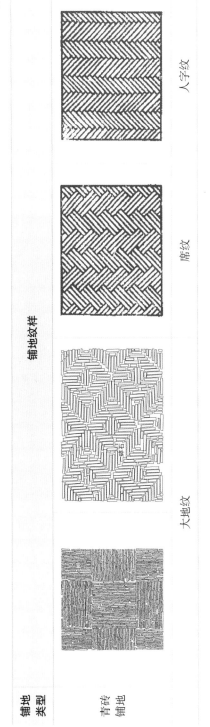	大地纹	席纹	人字纹

形状各异的卵石拼凑起来铺于地面上，形成的图形丰富多样，多以虫、鱼、花、鸟为题材，也有以历史典故、神话寓言、四季风景为题材的。因这种铺地类型表现形式多种多样，内涵深刻丰富，被称为地上的"石子画"。这种铺地防滑性能好，利于排出雨后积水，线条柔和，景观效果好。

（2）卵石铺地

卵石铺地指主要以鹅卵石为主，辅以瓷片、废瓦、碎石等材料混合成各种锦缎花纹的铺地（图3.1-8）。一般而言通常在园林的花园采用卵石铺地。卵石铺地还具有一定的保健功能，当人们穿着鞋底较薄的鞋子行走于鹅卵石铺装的路面上时，人的脚掌会被突出地面的鹅卵石所挤压。这种挤压作用可以刺激到人的神经和穴位，起到了按摩保健的作用。

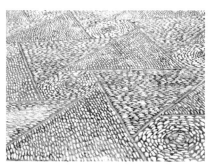

图3.1-7　花街铺地　　　　　　　　　　图3.1-8　卵石铺地

（3）乱石铺地

乱石铺地是用尺寸相近、大小类似石榴子的小石子紧密地铺砌形成的铺地（图3.1-9）。此铺地方式比较坚固，格调古朴雅致。一般是将小乱石按照一定的规则平铺，当将其铺在大片的园林开阔地时也可以四方形状斜铺，或与青砖相间，铺成四方形状。

（4）青砖铺地

青砖铺地指将青砖磨平后选择大小合适的砖块砌成的铺地（图3.1-10）。青砖铺地一般铺在蜿蜒的走廊里或较高大建筑物之间的小院子里。青砖铺地是苏州古典园林中最为常见的铺地形式，其简洁大方、质朴厚重的气质，将园林宁静悠远的意境体现得淋漓尽致。

（5）条石铺地

条石铺地是指采用大小不一的粗糙方条形块石按照同一方向铺设而成的

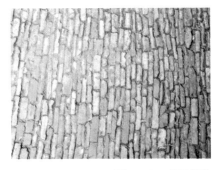

图3.1-9 乱石铺地 图3.1-10 青砖铺地

铺地，简洁耐用，朴素大方。

（6）嵌草铺地

嵌草铺地顾名思义就是在天然的石块、卵石、青砖铺地的间隙中种上青草或低矮、耐践踏的草本植物的铺地形式。此种类型比较注重生态，有利于土壤表层的生态平衡。

1.2 理水

《林泉高致》有言："水活物也。其形欲深静，欲柔滑，欲汪洋，欲回环，欲肥腻，欲喷薄，欲激射，欲多泉，欲远流，欲瀑布插天，欲溅扑入地，欲渔钓怡怡，欲草木欣欣，欲挟烟云而秀媚，欲照溪谷而光辉，此为水之活体也。"水的形态变化万千，是园林中最活跃的景观元素。苏州位于江南平原地区，河港纵横，地下水位较高，便于开池引水，因而多数园林以曲折自然的水池为中心，水池形成园中的主要景区。同时，在雨量较多的苏州一带，掘地开池还有利于园内排蓄雨水，并起到一定的调节气温、湿度和净化空气的作用，又为园中浇灌花木和防火提供了水源。因此，水池是苏州古典园林常见的内容（图3.1-11）。

水无常形，随器而成形。造园学家陈从周在《说园》中所说的"水曲因岸，水隔因堤"，池岸的形状，延则为溪，聚则为池。水面的宽窄变化，关乎赏景的效果。"大园宜依水，小园重贴水""园林用水，以静止为主"，这些都是园林理水的基本要求。

园林理水自成体系，主要要义如下：

（1）从大的角度说，理水首先要沟通水系，要"疏水之去由，察水之来

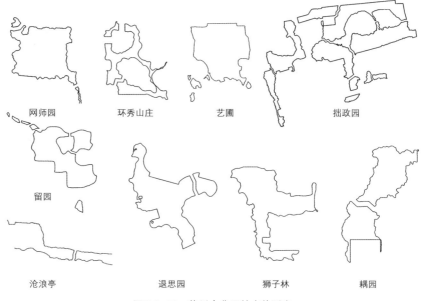

网师园	环秀山庄	艺圃	拙政园
留园			
沧浪亭	退思园	狮子林	耦园

图 3.1-11 苏州古典园林水体形态

历"。要有明确的来源和去脉，因为山贵有脉，水贵有源。无脉造水灾，无源不持久。

(2) 就细部而言，注意水岸设计的线条美。水岸线条应曲折有致，水面应有大小主次之分，大水面应辽阔开朗，小水面应曲折回环，大小开合对比，层次丰富，有收有放，引人入胜。利用多种手段创造湖、河、湾、涧、溪、潭、滩、洲、岛等景观。驳岸形式应丰富多彩，叠石为岸线、岛屿、矶滩与花木水阁相互呼应，化整为零，分散用水，彼此贯通。

以理水最负盛名的拙政园为例，园中水体形式多样，有开阔的水面亦有平静的水池，狭长的水涧与幽静的水潭，东疏西密，曲水环绕，水域面积约占全园面积的1/3。整个水系既分隔变化，又互相联系，并在东、中、西南留有水口与外界交流。此外，退思园、网师园等水系形状虽然不同，但理水章法相似（图3.1-12）。

1.3 墙体与建筑

1.3.1 墙体

《园冶·墙垣》曰："凡园之围墙，多于版筑，或于石砌，或编篱棘。夫编

图3.1-12　拙政园水体

篱斯胜花屏，似多野致，深得山林趣味。如内花端、水次、夹径、环山之垣，或宜石宜砖，宜漏宜磨，各有所制，从雅遵时，令人欣赏，园林之佳境也。"就是说：一般庭院的围墙，多用土造，或用石砌，或栽植有刺的植物，编成绿篱。绿篱比花屏更佳，因其饶有自然风致，深得山林雅趣。假设园内有花前、水边、路旁和环山的围墙，或宜石叠，或宜砖砌，或宜花墙，或宜磨砖，用材和建造方法各有不同，当式样雅致，令人欣赏时，就营造了优美的庭园环境。

园林中的墙按空间所处位置来划分，有外墙与内墙两种类型。外墙作为分隔园林与周边、生活区的围墙，设于园林或各种空间的边界上，主要功能是防卫及限定范围，大多厚实封闭，可以防范外人窥视，具有防御特征，展现内敛的儒家思想。内墙的功能主要是用来分割院落和区分景致，追求造型上的雅致。墙在古典园林中是一种非常重要的元素，划分空间、组织景色、对游览线路进行导向、遮挡劣景、相互渗透和联系等都离不开墙的应用。

园墙在园林建筑中作为围合空间的构件被应用时造型丰富，有阶梯形墙、平墙、云墙、龙墙、花墙和影壁墙等不同种类。按照园林墙体所用材料对其划分可分为砖墙、石墙和版筑墙。砖墙是指用长砖砌成的墙，包含混水墙、清水墙和混合墙三种。石墙包含了石墙、虎皮墙和乱石墙三种。版筑墙是用土筑成的一类。《园冶·墙垣》中，根据墙的材料和构造将其分为四种：白粉墙、磨砖墙、漏砖墙和乱石墙。

（1）白粉墙

白粉墙是苏州园林中最为常见的，用薄砖砌筑成空斗墙，以青砖灰瓦的檐脊勾勒墙头，墙上作漏窗。墙壁的粉白色与南方园林建筑的青灰色屋顶、栗色门窗和植物的绿色基调相称，产生色彩明度上的对比，显得清爽明快，既醒目又和谐（图3.1-13）。白粉墙常常成为映衬植物、山石和花木的背景，"粉壁为纸"，使整个景致统一突出，其意境效果犹如在白纸上绘制山水花卉。

（2）磨砖墙

磨砖墙是由水磨砖相砌而成，其纹样变化丰富（图3.1-14）。磨砖墙较为精美，很少大面积地使用，在园林中一般只作为主要建筑的墙裙点缀。水磨砖很讲究接缝，质地紧密，能使建筑空间显得朴实自然，传统园林的园门十之八九都贴有水磨砖砌成的图案，如拙政园大门的墙体。

图3.1-13　白粉墙　　　　　　　　　　　　　　　图3.1-14　磨砖墙

（3）漏砖墙

园林中常在墙面上设置洞门墙窗引入隔墙的景致。洞门仅有门框而没有门扇，常见圆洞门（又称月亮门、月洞门），还可作成六角、八角、长方、葫芦、蕉叶等不同形状（图3.1-15），不仅引导游览、沟通空间，本身又可成为园林的装饰。

通过洞门透视景物，可以形成焦点突出的框景。采取不同角度交错布置的园墙、洞门，在强烈的阳光下会出现多样的光影变化。

墙窗有什锦窗和漏花窗两种，是园墙的一种装饰方法。什锦窗不设窗扇，有六角、方胜、扇面、梅花、石榴等形状，常在墙上连续开设，形状不同。什锦窗是指外形各异的窗框，在园林中连续排列于墙上；位于复廊隔墙上的，往往尺寸较大，多做成方形、矩形等，可形成框景，内外景色通透。

图3.1-15　漏砖墙

漏窗又名花窗，是窗洞内有镂空图案的窗，花纹多用瓦片、薄砖、木竹材等制作，图案有套方、曲尺、回文、万字、冰纹等，清代更以铁片、铁丝作骨架，用灰塑创造出人物、花鸟、山水等美丽的图案，仅苏州一地花样就达千种以上。

　　砖瓦花格在园林中悠久历史，轻巧而细致，多砌在墙头。砖花格可砌筑在砖柱之间作为墙面，节省材料，造价低廉，但纹样图形受砖的模数制约，露孔面积不能过大，否则影响砌体的坚固性。瓦花格漏窗图案以瓦片搭砌，常见图案有金钱、鱼鳞、锭胜、海棠、破月、秋叶、波纹、球门等。

　　(4) 乱石墙

　　园林中通常利用石墙获得自然之感和天然的气氛，但一般都是局部重点采用，以便形成局部空间的分隔感（图3.1-16）。乱石墙带有一种质朴和自

图3.1-16　乱石墙

然灵活的野趣，在造园时其使用的位置以及砌筑精细程度都是再三考虑的，以免显露粗俗之感。一般只见于园林墙体的下半部，园林中的乱石墙中还常掺杂黄石，做成嵌壁假山，丰富园内景致。虎皮墙是用大块不规则形状的山石块堆砌而成，石块间的白灰色勾缝形成具有自然肌理效果的花纹，虎皮墙或用于整面墙，或用于墙体的基部。

1.3.2 建筑与小品

"园林建筑"的概念并不局限于"园林中的建筑"，广义的园林建筑是指处于景色优美区域内，与景观相结合，具有较高观赏价值并直接与景观审美相联系的建筑环境。"可行、可望、可游、可居"是其不同于一般建筑的特征。作为四大造园要素之一，园林建筑与所处的环境紧密关联，本身就是优美景色的组成部分，在园林中处于主导地位。园林建筑是古典园林体现人文精神的主要媒介之一，是人类审美意识和创造力在自然环境中的物化。园林建筑所依存的环境是一个复杂的系统，它是自然、社会、人文、技术等实存环境以及该地区历史、神话传说、社会心理所形成的虚环境共同作用的结果。

建筑具有使用与观赏的双重作用，常与山池、花木共同组成园景，在局部景区中，还可构成风景的主题。建筑不仅是休息场所，也是风景的观赏点。建筑的类型及组合方式与当时园主的生活方式有密切的关系。一般中小型园林的建筑密度可高达30%以上，大型园林的建筑密度也多在15%以上。正因如此，园林建筑的艺术处理与建筑群的组合方式，对于整个园林来说格外重要。苏州古典园林中的建筑，不但位置、形体与疏密不相雷同，而且种类颇多，布置方式亦因地制宜，灵活变化。

建筑类型常见的有：门楼、厅、堂、馆、楼、阁、轩、榭、舫、亭、廊、桥等（表3.1-2）。其中除少数亭阁外，多围绕山池布置，房屋之间常用走廊串通，组成观赏路线。各类建筑除满足功能要求外，还与周围景物和谐统一，造型参差错落，虚实相间，富有变化。

（1）门楼

门楼，《园冶·屋宇》曰："门上起楼，象城堞有楼以壮观也。无楼亦呼之。"苏州园林砖雕门楼，是苏派建筑艺术的典型代表，"南方之秀"由此而誉。门楼是入口的第一道景观，也是一种具有一定标志意义的建筑。

表3.1-2 苏州古典园林中的建筑

立面图、剖面图、平面图

类别			
门楼	沧浪亭门楼	网师园竹松承茂门楼	耦园厚德载福门楼	耦园诗酒联欢门楼
厅、堂、馆	狮子林门厅	拙政园远香堂	留园五峰仙馆	拙政园卅六鸳鸯馆

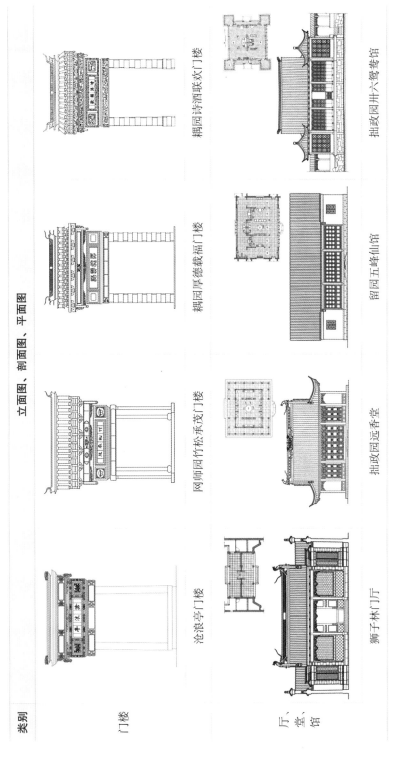

第3章 苏州古典园林的构成元素

类别	立面图、剖面图、平面图			
楼、阁	拙政园倒影楼	沧浪亭看山楼	拙政园浮翠阁	留园远翠阁
轩、榭	拙政园与谁同坐轩	拙政园倚玉轩	网师园濯缨水阁	留园活泼泼地

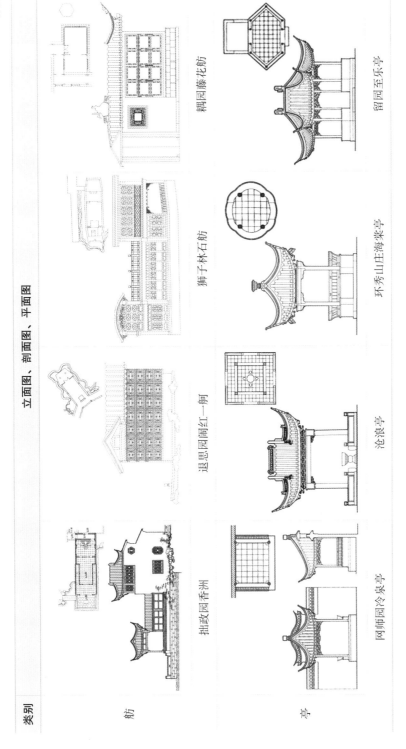

立面图、剖面图、平面图

类别		
舫	耦园藤花舫 / 狮子林石舫 / 退思园闹红一舸 / 拙政园香洲	
亭	留园至乐亭 / 环秀山庄海棠亭 / 沧浪亭 / 网师园冷泉亭	

续表

类别	立面图、剖面图、平面图			
亭	 拙政园笠亭	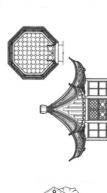 拙政园天泉亭	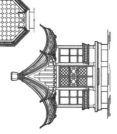 拙政园塔影亭	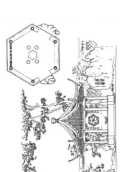 拙政园荷风四面亭
廊	 拙政园柳荫路曲廊			

类别	立面图、剖面图、平面图

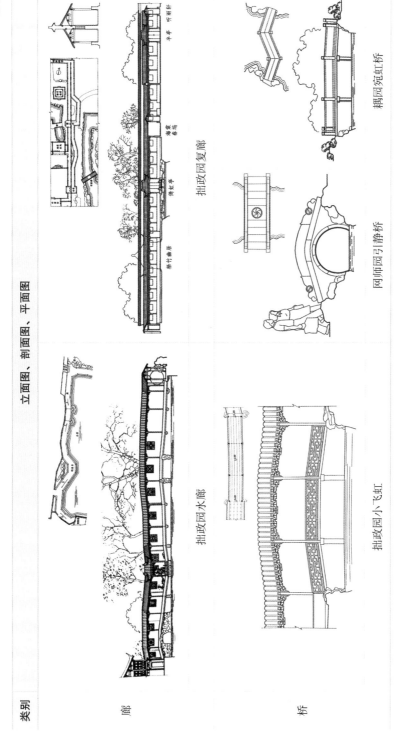

拙政园复廊

拙政园水廊

耦园宛虹桥

网师园引静桥

拙政园小飞虹

廊

桥

"无雕不成屋,有刻斯为贵",苏州古典园林的门楼常在质地细腻的水磨青砖上,雕凿突显楼主的身份和意趣爱好的图案。常见的雕刻图案有龙凤呈祥、二龙戏珠、八仙过海、八仙庆寿、鹿鹤同春、松鹤长春、代代富贵、松鹤延年、富贵平安、榴开百子、金龙献宝、麒麟吐玉书、狮子滚绣珠等(图3.1-17)。

图3.1-17 网师园藻耀高翔门楼

(2)堂、厅、馆

堂、厅、馆是园林中规模较大,具有待客、居住、读书等多种实用功能的建筑。

《园冶·屋宇》曰:"古者之堂,自半已前,虚之为堂。堂者,当也。谓当正向阳之屋,以取堂堂高显之义。"古代的堂屋,指的是厅房内前面的一半,没有门窗隔板的那部分室内空间为堂屋。所谓"堂",就是"当"的意思,是说处于轴线中央正面向阳的房屋,取"堂堂高显"的意思。

厅与堂的区别在于建筑用料断面,梁架断面矩形者为厅,用圆料者为堂。园林建筑用料不分扁圆,统称厅堂。厅堂根据使用功能、所处地位及周围环境,有以下几种分类:门厅、大厅、四面厅、鸳鸯厅、荷花厅、花篮厅、花厅、对照厅等。园林布局,立基以厅堂为主,方向随意,但以南为宜,重点在于取景。厅堂既是园林风景构图的中心,又是园林建筑的主体与人们活动的主要场所,"凡园圃立基,定厅堂为主。先乎取景,妙在朝南"。厅堂多位于园内重要地点，园林构思时先要确定厅堂位置，并仔细推敲厅堂周围景致，或围绕以墙垣廊屋，前后构成庭院，栽花植树，叠石堆景，大小不拘；或于堂前设临水平台，面对水池与假山，山上可建亭、池畔宜设榭，与之互为对景（图3.1-18）。

馆，"散寄之居，曰'馆'"，即暂时寄居的地方叫馆，也可以通解为另一个住所。现在的书房，也叫馆；客舍则称为"假馆"。馆的形式，有可居性，也可以在此读书、作画。馆的规模不及堂，但建筑尺度宜人，空间有灵动性，形态不一定庄重，有时表现出欢乐的情趣。

（3）阁、楼

阁、楼都是高耸的建筑。"阁者，四阿开四牖"，"重屋曰'楼'"。阁就是四面均开窗的四坡顶的房子，而楼就是建于高台之上狭曲而修长的房屋。

阁、楼在园林中不仅可以增高视点，极目四野，更由于其高耸的构图，打破了园林的边界感，丰富了天际线，形成视觉中心（图3.1-19）。阁、楼既可以作为主景或重要对景，设于池畔、山间，也可以作为配景，位于园之四周或隐僻处。

图3.1-18　拙政园远香堂　　　　图3.1-19　耦园听橹楼

（4）轩、榭、舫

《园冶·屋宇》有言："轩式类车，取轩轩欲举之意，宜置高敞，以助胜则称。"轩的建筑形式像古时候的车，取其空敞而又居高之意。轩的外形轻巧雅致，但规模不及厅堂之类，所以位置比较灵活，大多置于高敞临水之处

（图3.1-20）。

《园冶·屋宇》又言："榭者，藉也。藉景而成者也。或水边，或花畔，制亦随态。"所谓的榭，即借助之意，也就是说借助景观意境建造而成的，或临靠水边，或隐藏花畔，要根据景观意境的不同而建成适合的形式。榭常为水阁，置于池畔，平面为长方形，长边临水，一间三间最宜，进深较浅，不超过六间。其前半部常跨水而建，凌空做架，以石梁、石柱作支撑。临水立面开敞，设栏杆或半墙吴王靠，两侧及后檐以粉墙为多。水榭体量不大，高仅一层，歇山回顶，戗角的形式随意，可陡可平，视周边环境而定，以轻巧自然为佳（图3.1-21）。

图3.1-20　留园绿荫轩　　　　　　　　　　　　　　　图3.1-21　网师园濯缨水阁

　　舫外形模仿游船画舫，因其固定不能移动，又称为旱船或不系舟。实际上是集桥、台、亭、轩、楼等多种建筑形式为一体的建筑组合体。舫多建于水边，前半部多三面临水，船首的一侧设有平桥与岸相连，仿跳板之意。舫依水而不游于水，似舟而非舟，似动而还静，赋予园林独特优美的景观，给人以无穷的联想，创造了深邃的意境（图3.1-22）。

　　舫与榭多属临水建筑，布置于池畔、水边，不仅是极佳的观景点，也是轻盈典雅的园林景观。各式水榭，虽有大小的差别，也有外形的不同，但其基本的构造却大致相似。

第3章　苏州古典园林的构成元素

064

图3.1-22 狮子林石舫

（5）亭

《园冶·屋宇》曰："亭者，停也。人所停集也……造无定式，自三角、四角、五角、梅花、六角、横圭、八角至十字，随意合宜则制，惟地图可略式也。"所谓亭，即为停留之意，也就是供游人停留休息的建筑物。亭的建筑形式没有定规，从三角形、四角形、五角形、梅花形、六角形、横圭形、八角形到十字形，只要与意境相宜都可以选用建造。亭除了满足人们休息、观赏等一般实用功能外，主要起着点景和引景的作用。它们虽然不像厅堂那样是园内的主体建筑，但往往对园内景色起着画龙点睛的作用。

除了按平面分类外，亭还可以按立面和构造分类。按立面的不同可以分为单檐与重檐两种，以单檐居多。其屋面形式大体可分为歇山顶和攒尖顶两类。若是细分，歇山顶又有方亭、长方亭、扇亭的区别，而攒尖顶也有四角亭、六角亭、八角亭、圆亭等多种做法。按构造形式的不同可以分为半亭、独立亭、组合亭三种。在园林建筑设计中，亭的造型体量应与园林性质和所处的环境位置相适应，宜大则大，宜小则小，比例得当，且造型丰富、构造灵活，或轻盈，或庄重，立面开敞。一般亭以小巧为宜，使人感到亲切。

亭的立基选地并无成法，所谓"安亭有式，立地无凭"，只要与环境协调，随处都可设亭。

亭布局的地形环境有：

a. 山地建亭。园林中的亭常建于山顶，增加山形的高度与体量，丰富山形的轮廓。在地形较高处设亭很容易形成构图中心，抓住人的视线，吸引游人到此一游。山上的亭可俯可仰，观景视角丰富（图3.1-23）。

b. 临水建亭。水面是构成丰富多变的风景画面的重要因素。水边设亭，一方面为了观赏水面景色，另一方面也可丰富水景效果。小水面上临水建亭，亭应小巧，一般尽量贴近水面，宜低不宜高，可一边临水或多边临水甚至完全伸入水中；若水面大，可在桥上建亭，划分空间，丰富湖岸景色；也可将亭建在临水高台或较高的石矶上，以观远山近水，舒展胸怀（图3.1-24）。

图3.1-23　山地建亭

图3.1-24　临水建亭

c.平地建亭。平地建亭更多是供休息、纳凉、游览之用，结合各种园林要素（山石、树木、水池等）构成各具特色的景致。葱郁的密林、绚丽的石畔花间、疏梅竹影之处，都是平地建亭的佳地。园墙之中、廊间重点或尽端

图3.1-25　平地建亭

转角等处，也可用亭来点缀。结合园林中的巨石、山泉、洞穴、丘壑等各种特殊地貌建亭，也可取得更为奇特的景观效果。

（6）廊

所谓廊，就是庑向前延伸出一步的建筑物，有直廊、曲廊、波形廊、复廊四种形式，以曲折幽长者为胜。《园冶·屋宇》曰："廊者，庑出一步也，宜曲宜长则胜……之字曲者，随形而弯，依势而曲。或蟠山腰，或穷水际，通花渡壑，蜿蜒无尽……"。廊在园林中是联系建筑物的脉络，又常是风景的导游线。廊是一种不同于自然的"虚"，又别于建筑的"实"的半虚半实的建筑，在任何地形条件下都能发挥独到作用，与环境极易协调，因而在园林中广泛使用。

廊常和亭台楼阁组成建筑群的一部分，使单体的建筑组成一个整体，并自成游憩空间；分隔或围合不同形状和情趣的园林空间，使空间互相渗透，丰富空间层次，增加景深；作为山路、水岸边际联系纽带，增强和勾勒山体的脊线走向和轮廓。

廊布局的地形环境有：

a. 山地建廊。供游山观景和联系上下不同标高的建筑物之用，也可借以丰富山地建筑的空间构图。山地建廊有斜坡式、叠落式两种。斜坡式（坡廊）屋顶和基座依自然的山势，蜿蜒曲折，廊与自然融合，具有协调的美感。但地形坡度较大时，不宜用斜坡式，而应采用叠落式。叠落式廊随地形的变化逐级跌落，屋顶有长有短，有高有低，自由活泼富有节奏感（图3.1-26）。

图3.1-26 山地建廊

b. 水廊。水廊供欣赏水景及联系水上建筑之用，形成以水景为主的空间（图3.1-27）。有水边设廊和完全凌驾于水上的两种形式。水边设廊，应注意廊底板和水面尽可能贴近，若廊体较长则廊体不应自始至终笔直没有变化，而应曲曲折折，丰富水岸的构图效果。凌驾于水上的水廊，廊基也是宜低不宜高，应尽量使廊的底板贴近水面，并使两边的水面能互相贯通，使建筑有飘忽水上之感。凌驾于水上的水廊常与亭或桥组合，形成亭桥或廊桥。亭桥或廊桥除供休息观赏外，对丰富园林景观和划分空间层次起着很突出的作用。

图3.1-27　水廊

c. 平地建廊。平地建廊多为了处理死角和边界、划分空间、丰富层次，使景色互相渗透。廊的选址及布置应随环境地势和功能需要而定，使之曲折有度、上下相宜，一般最忌平直单调。造型以玲珑轻巧为上，尺度不宜过大，立面多选用开敞式。它的布置往往随形而弯，依势而曲，蜿蜒逶迤，富有变化，而且可以划分空间，丰富景深（图3.1-28）。

（7）桥

在规模不大的园林中，环绕水池布置景物与观赏点，是苏州园林中常见的布局方式，因此需要架设各种形式的小桥以供游人往来（图3.1-29）。苏州古典园林中以石桥为主，按形式分有平板桥、圆拱桥，还有单孔桥和多孔桥，当然还有廊桥、亭桥等。

苏州园林的桥不仅是连接水面两侧陆地的通道，而且就桥本身而言，也

图3.1-28 平地建廊　　　　图3.1-29 网师园引静桥

是一道不可替代的水上风景，高拱低卧，并无定式，或曲或直，因地而异，以能适合周边环境者为佳，起到陪衬、丰富远景的作用，并为之锦上添花。"临溪越地，虚阁堪支；夹巷借天，浮廊可度"。桥通常与廊和阁组合，构成多变的景致，其在水中的倒影以及所产生的动感，更会增添一种独特的光影效果，使景色显得更为灵动活泼、充满生机。

　　园林中的桥，特别讲究形式美，水面设桥有以下要点：

　　a.小水宜聚不宜分，平贴水面的平桥偏居一侧，水面一大一小，产生开阔与幽静的对比。

　　b.为使小水面有源源不尽之意、增加层次、延长游览路线，通常桥造得曲曲折折，不但造型好看，还可延长游览时间，变换观赏角度欣赏园景。

　　c.桥的大小与园的规模相称。园不大，桥也不宜大。拱桥多应用在小水面中，桥体的比例与拱的幅度与水面协调。在大水面上设桥，一般桥要造得低矮，甚至贴水而造，使人与水亲和。

1.4　植物

1.4.1　常见的植物种类

　　古典园林中的植物大多是中国传统的植物种类，具有丰富的文化内涵，结合前人的总结，可分为四类：比德赞颂型、吟诵雅趣型、形实兼丽型和观叶赏姿型（表3.1-3）。

表 3.1-3 **古典园林中常用的植物**

植物类型	植物种类
比德赞颂型	荷花、竹、樟、槐、楸、榆、杏、柳、梧桐、女贞、兰花等
吟诵雅趣型	梅、桃、玉兰、山茶、杜鹃、迎春、海棠、李、牡丹、芍药、海棠、栀子、木槿、木樨、木芙蓉、蜡梅、菊花等
形实兼丽型	枇杷、石榴、柿树、柑橘、枣、银杏等
观叶赏姿型	芭蕉、鸡爪槭、红枫、南天竹等

1.4.2 植物造景的常用手法

古典园林多追求朴素淡雅的城市山林野趣，注重植物景观"匠"与"意"的结合，讲究景观的深、奥、幽，倚仗植物配置，在咫尺之地创作出"山林河湖胜景"。

（1）诗情画意，景象点题

明代陆绍珩在《醉古堂剑扫》中提到"栽花种草全凭诗格取裁"。的确，取裁古典诗词的优美意境，创造浓浓的诗情画意，是苏州园林植物造景常用的手法。如网师园的"竹外一枝轩"，取梅花名额，取自苏轼《和秦太虚白梅花》："江头千树春欲暗，竹外一枝斜更好。"轩外池畔配置了白梅、迎春和黑松，虬曲低垂的枝条在水中形成朦胧的倒影，景色如画（图3.1-30）。狮子林"暗香疏影楼"取名于宋代诗人林逋的《山园小梅》："疏影横斜水清浅，暗香浮动月黄昏。"这个吟咏既描绘了梅花的绝美姿容，又传达了梅花耐孤寂寒冷的高洁品质。暗香疏影楼虽以梅景为主，但数量贵精不贵多，仅有两株梅花，配以腊梅、山茶、夹竹桃、广玉兰等树种，稀疏简洁，花香动人，同时与问梅阁旁的丛植梅花形成对比（图3.1-31）。苏州古典园林如同无声的诗歌，处处洋溢着"诗情画意"。

不仅如此，古典园林中很多景点以植物作为观景主题来造景，如留园的"闻木樨香轩"、沧浪亭的"翠玲珑""闻妙香室"、狮子林的"问梅阁"、拙政园的"远香堂""留听阁""海棠春坞""雪香云蔚亭"、网师园"小山丛桂轩""殿春簃"等景点俯拾皆是。

（2）渲染色彩，突出季相

利用植物季相变化，渲染万紫千红的缤纷色彩，是古典园林植物造景的又一常用手法。《长物志》中说："草木不可繁杂，随处植之，取其四时不

图3.1-30　网师园"竹外一枝轩"　图3.1-31　狮子林暗
香疏影楼旁梅花

断，皆入图画。"陈淏子在《花镜》"序"中把一年四季庭园花木景色，描写得如诗如画。苏州古典园林常利用具有较高观赏价值和鲜明色彩的植物季相，借助自然气象的变化和植物特性，创造四时不同的园林景观：春天万物复苏，百花盛开；夏日浓荫蔽日，荷蒲薰风；秋季深红浅黄，桂香四溢；冬天梅花傲霜，腊梅飘香。如此，不管何时进入园林，皆有景可赏。

同时，根据四季景观的轮回，苏州园林在设置顺序上也下足了功夫。如拙政园中部环水建筑绣绮亭、荷风四面亭、留听阁、待霜亭、雪香云蔚亭就是按四季轮回有序展开的。绣绮亭周围遍植牡丹，牡丹盛开，春景灿烂；站在荷风四面亭，观池中荷花，荷香四面，构成了热烈的夏景（图3.1-32）；待到暑气消去，则于留听阁"留得残荷听雨声"；待霜亭的橘树、四周的桂花、秋菊，呈现出一幅秀逸温婉的秋日景象；冬日梅花盛开，雪香云蔚，丰富了寂寥的冬景（图3.1-33）。

（3）以小见大，师法自然

苏州园林是"文人写意山水园"，充满自然野趣。植物配置多采用"以小见大，师法自然"的手法，寓意深刻。园内植物景观，使人"不出城郭而获山林之怡，身居闹市而有林泉之乐"。

（4）隐蔽园墙，拓展空间

古典园林常沿园界墙种植乔木、灌木或攀援植物，以植物的自然生态体

图3.1-32　拙政园夏景　　　　　　　　　　　　　　　图3.1-33　拙政园雪香云蔚亭

形代替采用砖、石、灰、土带来的呆滞效果，如《园冶》所说的"园墙隐约于萝间"。因此，不但显得自然活泼，而且高低掩映的植物还可造成含蓄莫测的景深幻觉，从而扩大了园林的空间感。如网师园万卷堂西侧山墙上的白木香，盛开时一壁千花，改善了此处空间狭小的逼仄之感（图3.1-34）。艺圃入口两侧的蔷薇，更是成为了园子的一大特色，每年蔷薇盛开之时，吸引了众多游人驻足拍照（图3.1-35）。

（5）散布芬芳，借听天籁

园林艺术空间的感染力是多方面的，除了视觉之外，听觉、嗅觉也是重要的感官体验。在苏州古典园林的营造中，以植物的香气组景、造景屡见不鲜，亦有很多优美的"声景观"。

荷花是苏州古典园林中常用的水景植物，具有"香远益清"的特点。周敦颐的《爱莲说》将其特性描绘得极为细致。李渔《闲情偶寄》中也有描述："可鼻，则有荷叶之清香，荷花之异馥。"苏州古典园林常常会在荷池边建亭、廊、榭之类的敞室，用以接纳荷风。如苏州拙政园"远香堂"，每当夏日，荷风扑面，清香满堂。留园"闻木樨香轩"，因其遍植桂花，开花时异香袭人。另有"荷风四面亭""芙蓉榭""暗香疏影楼""闻妙香室""雪香云蔚亭"等，均是以花香取胜。草木的芬芳使园中空气更觉清新，同时也起到招蜂引蝶的作用，极大地丰富了园内的物种多样性。

图3.1-34　网师园白木香　　图3.1-35　艺圃蔷薇

《闲情偶寄》中有言，"种树非止娱目，兼为悦耳"，点出了园林植物不仅可以用眼睛来欣赏，同时也可以使人的听觉器官得到享受。经过长期的造园实践，苏州古典园林形成了独具一格的以植物之声取境的营造方式，将松涛竹韵、蕉雨荷声等自然声响融入园林，展现出苏州古典园林独特的声境之美。如拙政园"听松风处"，旁植姿态苍劲的老松（图3.1-36），阁名取自"山中宰相"陶弘景爱听松风的典故，亭中有联"一亭秋月啸松风"，点出了此处的美妙意境——当清冷的秋风吹过，松涛阵阵，水波漾漾，和着融融月色，令人流连吟咏乎其间。拙政园"听雨轩"是听雨佳处，建筑坐南面北，前有清池一泓。轩名取自唐代李中诗句："听雨入秋竹，留僧覆旧棋"。雅舍幽斋，窗外有碧蕉、翠竹、清荷，雨打叶上声音高低响脆都不同，静听其中只觉妙趣横生（图3.1-37）。

1.4.3　植物与其他造园要素的配置

（1）植物与山石

古典园林中的假山常分成两类：

一类土多石少，如沧浪亭中部假山、留园西部假山等。这类假山多采用灌木、箬竹等地被，配以小乔木进行布置。目的在于遮挡平视观赏线，着重表现游览者脚下起伏的山势，形成幽深莫测的蜿蜒山径，营造身临其境的山

图3.1-36　拙政园松风水阁	图3.1-37　拙政园听雨轩

林效果（图3.1-38）。

另一类假山则石多土少，如狮子林、艺圃、怡园、留园中部等假山，网师园池南黄石假山等（图3.1-39）。这类假山通常植被量较少，目的是烘托山林气氛，突出嶙峋的山石；亦常在峭壁悬崖或峰峦之间，模仿自然界高山风冽环境下树木的生长特点，点缀屈曲斜倚的树木。

古典园林中的山石也常以石峰的形式出现。独立石峰，常配置藤木，如凌霄、木香、蔷薇、紫藤、薜荔、络石等。石峰和叠石可以充当天然花架；植物也可助增生气，藏拙和补足气韵。

图3.1-38　留园西部假山	图3.1-39　网师园假山

（2）植物与水体

中国古典园林中植物与水景的搭配，讲究疏密有致、虚实结合，做到适当留白。水中植物不宜铺满整个水面，要留出水面倒映出周边景物和临岸观景的空间，如网师园彩霞池（图3.1-40）。

图3.1-40　网师园彩霞池

古典园林水景中的水生植物，主要采用挺水植物、浮水植物和沉水植物等类型。常用的挺水植物是荷花，浮水植物常用各色睡莲，结合部分沉水植物来净化水体，在保持水体生态平衡的同时，也起到增加水体空间层次感、扩大景深的效果。

水际岸边的植物造景常用灌草结合的方式作为水陆之间的柔性边界，并通过不同的搭配形式营造不同的氛围。常用乔木有朴树、榔榆、鸡爪槭等姿态优美的树种，利用其在水中的倒影使水面景观的虚实对比更加强烈，提高水面景观的美感；亦或于堤、岛上种植高大乔木（如银杏、枫香等）以划分空间。一些具有立体感的花灌木（如迎春、南迎春、紫藤等）则常用来修饰驳岸，或沿驳岸线散落地布置几丛，或零星地种在角落处作为点缀，或与山石、桥体相结合，以柔化构筑物，使山石、桥与水的过渡更自然，使水景整体更协调。

（3）植物与建筑

植物可以柔化建筑物生硬平直的线条，使之更好地与周边自然环境融合在一起，亦可用来突出主题。在古典园林中，很多建筑是利用植物为主题来命名的，如拙政园中的"荷风四面亭"，夏季四面荷花三面柳，柳丝如披，荷香四溢，情景交融，欣然而忘我；网师园的"殿春簃"位于网师园西北角，庭院一侧叠石为台，台中种植芍药，"殿春"出自宋代邵雍"尚留芍药殿春风"句意，所以此院也称为芍药园（图3.1-41）；再如留园的"闻木樨香轩"、狮子林的"暗香疏影楼""问梅阁"、网师园的"小山丛桂轩"等，数不胜数。退思园更是利用植物与建筑的结合，很好地表现了"春夏秋冬"的主题，比如，用楼阁、旱船、玉兰来构筑春景，早春时节，春寒料峭，满树玉兰花含苞待放，预示着春天即将来临（图3.1-42）；菰雨生凉轩与闹红一舸周围水波荡漾，菰叶漂浮，轩后芭蕉垂帘，通过对菰叶、芭蕉、凉床、绵雨等联想，可静心感怀江南初夏之凉爽（图3.1-43）；桂花厅里品江南名茗，庭园中红枫和桂花对植，退思园之秋风情万种；"岁寒居"的窗格以散乱小木条制成，犹如寒冰的裂纹，令人顿生些许寒意，透过窗格，墙角下花圃中可见黑松、紫竹以及腊梅，典型的"岁寒三友"的画面，寒冬的意境应运而生（图3.1-44）。

（4）植物与园路

苏州古典园林中的园路多为蜿蜒曲折的类型，也就是常说的"曲径"，而"通幽"则需要用植物来营造。植物的配置多有变化，如疏密、高低、遮

图3.1-41　网师园"殿春簃"　图3.1-42　退思园旱船旁的玉兰和广玉兰

图3.1-43　退思园夏景　　图3.1-44　退思园冬景岁寒居

敞，既可以拓展空间，掩盖园路的尽头，在路的转折处营造柳暗花明又一村的效果，又可以将远景拉到园路上，吸引游客的脚步。主要形式是乔、灌、地被多层次结合，或与山石配合，构成具有一定情趣的景观空间，大多是桂花、朴树当道，南天竹或山茶为辅，加以生动活泼的红花酢浆草或常绿的沿阶草作地被。

（5）植物与门窗

园林的门、窗不仅起到分隔空间的作用，更多兼作框景之框。植物是沟通建筑与自然空间的得力手段，透过门、窗框处的植物配植，不但可以入画，而且可以扩大视野、延伸视线。正如李渔所说的"无心画"和"尺幅窗"，植物在门窗内外起到点缀的作用。

苏州古典园林洞门的造型各式各样，有长形、方形、圆形、六角形、葫芦形、贝叶形、扇形、海棠形等，变化多端，形式各异。圆形洞门，也称月洞门，在苏州园林中很常见，如沧浪亭的"周规折矩"月洞门，取自《礼记·玉藻》"周还中规，折还中矩"之意。此月洞门在五百名贤祠东，意思即五百名贤皆能恪守儒家的礼仪法度。洞门两旁，以粉墙黛瓦为背景，一边竹子数丛，纤细挺拔，幽静淡雅；一边种植了冬日开花的山茶和春季盛花的垂丝海棠，步移景异，曲径通幽，让人回味无穷。网师园的"云窟"洞门也是月洞门，洞门前亦是景色如画，白皮松、黄杨、蜡梅、桂花、鸡爪槭等植物与洞门相得益彰，极大地丰富了门前的景观层次（图3.1-45）。

《园冶》有云："移竹当窗，分梨为院，溶溶月色，瑟瑟风声；静扰一榻琴书，动涵半轮秋水，清气觉来几席，凡尘顿远襟怀。"园林里的窗户，有空窗、漏窗、花窗之别，尤以漏窗为园林创作的点睛之笔。在古典园林中，常常可见到漏窗，或是窗前芭蕉石笋，或是高墙和爬山虎、腊梅，又或是竹影婆娑，轩、台、廊、厅，组成了一幅幅精美的植物画面。网师园"殿春簃"内的花窗，窗前置以湖石，搭配蜡梅、翠竹、芭蕉、南天竹等，构成竹石小景。透过红木边框的窗框，形成四幅国画小品框景，每个画面景色优美，各具特色（图3.1-46）。

图3.1-45　网师园云窟　　　　　图3.1-46　网师园"殿春簃"花窗

第 2 节
古典园林的抽象元素及园林意境

具象元素构成园林景色主体，但是造园是具象元素与抽象元素的融合。古典园林擅于借景，有时借具象山水建筑的形与色，有时借天气物候，甚至借人的情感、脑中景象。这种具象与抽象的结合，就产生了一种中国古典园林中特有的景观——意境。

所谓"意境""意"即人类主观的理念、感情；"境"即现实客观的生活、景物。园林意境，是运用艺术手段创造出一种特定的环境气氛，使人有所感触、联想和想象，从而产生美的感受。

中国古典园林是一种特殊的艺术作品，是"意"与"境"的统一。我国近代美学先行者王国维在《人间词话》中说，如果园林中只有景而无情，那么只能是树木花草、山水水体等物质材料的堆砌，至多是无生命的形式构图，不能算真正的艺术。只有在造景的同时进行意境设计，使客观的风景形象和造园家的理想情思相结合，使风景具有一种活泼泼的气韵，从而达到形神的统一，才能创造出成功的作品。

2.1 园林意境的营造要素

2.1.1 天象

园林是融化在自然大环境中的艺术，自然风景中充满着无比多样的美的信息，像季节转换、阴晴变化、日月升落、风花雪月、虫鸣鸟语、波光云影……这些变化多样的景象没有具体的固定形式，却能够构成一个作用于视觉、听觉、味觉、嗅觉、触觉等全身心感官的风景聚合体。

传统园林特别擅长利用天气现象营造景观。天气现象的类型是多样的，不同的天气现象在人们内心召唤出的心理感受也是因人而异的。这取决于当事者当下的心理情绪和他的人生历程。天气现象给人带来的美感是介入式的，是距离人们最近、感受最真切的，是视觉、听觉、触觉综合作用下的多重感知，如"夜雨芭蕉""溶溶月色，瑟瑟风声""风乍起，吹皱一池春水"，李清照忆"昨夜雨疏风骤"叹"浓睡不消残酒"……

在中国古典园林中，往往跨水而建亭台，作为纳凉欣赏美景的休憩之处。这样不仅视觉宽广，可以欣赏日间景色，还可以欣赏夜间风情，甚至水中的月影，真假合一，虚实结合；而造园者为追求更多的月色，也常在亭内设镜，可欣赏到镜月，网师园、怡园、退思园等都有此种用法。

例如，网师园"月到风来亭"，在园内彩霞池西，三面环水，戗角高翘，黛瓦覆盖，青砖宝顶，线条流畅，亭名取宋人邵雍诗句"月到天心处，风来水面时"之意。亭内正中悬挂一面大镜，旁设"鹅颈靠"，供人坐憩，可临风观赏天上之月、水中之月和镜中之月。再如拙政园听雨轩，位于嘉实亭之东，与周围建筑用曲廊相接。轩前一泓清水，植有荷花；池边有芭蕉、翠竹，与轩后的芭蕉前后相映。苏州雨水较多，雨点落在不同的植物上，就能听到各具情趣的雨声，境界绝妙，别有韵味。

2.1.2 诗画

园林与中国古典诗文、书画、歌曲及特殊艺术项目关系非常密切，众多的文化艺术形式丰富了园林的文化内涵和主旨意境；而园林通过展示和营造艺术氛围，又很好地推广了这些艺术作品的艺术价值和知名度。这也是中国古典园林艺术能够如此繁荣的原因。

这些中国传统文化常通过匾额、楹联、摩崖题刻、书条石等载体来深化园林意境，起到立意、点题和装饰作用。曹雪芹在《红楼梦》中谈及大观园时便论道："偌大景致，若干亭榭，无字标题，任是花柳山水，也断不能生色。"

苏州各园林中均有不同形式的匾额、楹联、书画题咏、景石镌字、井栏铭文、屏板题记、诗碑等，在园林意境深化中起到了重要的作用。比如拙政园的香洲，为"舫"式结构，有两层楼舱，通体高雅而洒脱，船头上悬有文徵明写的题额。古时常以香草来比喻清高之士，此处以荷花景观来喻意香草，寄托了文人的理想与情操（图3.2-1）。留园停云庵墙上并列悬挂的四字对"白云怡意，清泉洗心"，言简意赅地表达优美自然环境怡心怡意的效果（图3.2-2）。拙政园的雪香云蔚亭有一幅草书对联："蝉噪林逾静，鸟鸣山更幽"，源于南朝梁王籍的《入若耶溪》，凭借以动衬静的艺术感，成就清幽恬雅的意境（图3.2-3）。

图3.2-1　拙政园香洲匾额　　图3.2-2　网师园看松读画轩对联

图3.2-3　拙政园雪香云蔚亭对联

景石镌字也多用来描绘景物（湖石形态）的本身特色，如拙政园湖石假山群中的"云坞"、留园的"一梯云""朵云""冠云峰"等；也有用来描绘周围环境景观特色的，如沧浪亭的"流玉"、留园的"小蓬莱"等，信息均简洁精炼。

书画题咏指纸质装裱作品中的书法诗词和绘画作品中的题字。苏州名园中的书法作品内容有两种类型：一是历朝历代的诗文作品，有些与景点主题无关，主要用作书法展示和装饰，如拙政园的拜文揖沈之斋的屏风上有宋陆游的《题庵壁》、唐杜牧《江南春》等诗文书法；有些则与景点相互呼应，如留园涵碧山房墙壁上有宋杨万里《红白莲》等咏荷诗。二是园主或者文人墨客游览园林所得的即景诗文，如沧浪亭翠玲珑墙上悬挂有园主苏舜钦的《沧浪亭》和《初晴游沧浪亭》等诗句。

另外还有井栏铭文、屏板题记、诗碑等众多形式，与其他造园要素一起营造古典园林的艺术氛围和园林意境，也非常值得现代园林设计借鉴和创新。

2.1.3 山水

古人喜爱山水，便以自然之法叠石造山，模仿真山真水，既实现了不出家门即见山水的美好愿望，又丰富了园林景致。园中的"山"营造了高低起伏的地势，增扩了空间延伸与层次，在咫尺园林空间中再现延绵不绝的山水景色和天然之趣，意境亦出。

园林建筑除了满足遮阳避雨、驻足休息、林泉起居等多方面的实用要求外，还具有为游人提供良好的视野、组织游览程序、安排景面等功能，同时还兼有审美价值，因此也是游人观赏的对象。建筑与山水、植物、匾额楹联相结合，可以表现出优美的意境。

如拙政园的"远香堂"是拙政园中部的主体建筑，为四面厅，面水而筑，面阔三间。堂北平台宽敞，池水旷朗清澈。堂名因荷而得，取自周敦颐的《爱莲说》"香远益清，亭亭净植"。夏日池中荷叶田田，荷风扑面，清香远送，是赏荷的佳处。园主借花自喻，表达了园主高尚的情操（图3.2-4）。

再如拙政园的"梧竹幽居"亭，为中部池东的观赏主景。此亭背靠长廊，面对广池，旁有梧桐遮荫、翠竹生情。亭的绝妙之处还在于四周白墙开了四个圆形洞门，在不同的角度可看到重叠交错的分圈、套圈、连圈的奇特景观。四个圆洞门既通透、采光、雅致，又形成了四幅花窗掩映、小桥流水、湖光山色、梧竹清韵的美丽框景画面，意味隽永（图3.2-5）。

图3.2-4　远眺拙政园"远香堂"　　　图3.2-5　拙政园"梧竹幽居"亭

2.1.4　植物

植物作为园林景观一个主要构成要素，在景点构成中不但起着绿化美化的作用，还担负着文化符号的角色，传递着思想和文化内涵。很多诗词及民俗中留下了赋予植物人格化的优美篇章，从欣赏植物景观形态到意境美是欣赏水平的升华，不但含意深邃，而且达到了天人合一的境界。

不同的植物，被赋予不同的感情涵义和寄托，或表达对美好生活的向往，或表达自己独特的气质，如枇杷四季常绿，冬花夏实，既可以繁荣寂寞的冬景，又可以丰富初夏的时鲜；柿子、柑桔等果实味美、形好，是财富的象征；此外，松、竹、梅被誉为"岁寒三友"，象征着坚贞、气节和理想，代表高尚的品质。传统的松、竹、梅配置形式意境高雅而鲜明，而梅、竹又与兰、菊一起被称为"四君子"（表3.2-1）。

苏州古典园林有很多以植物点题的景点，如退思园"闹红一舸"，位于水香榭之南。额名取宋姜夔《念奴娇·闹红一舸》词上阕的意象："……闹红一舸，记来时，尝与鸳鸯为侣。三十六陂人未到，水佩风裳无数。翠叶吹凉，玉容销酒，更洒菰蒲雨。嫣然摇动，冷香飞上诗句。"此石舫似船非船，船身由湖石托起，半浸碧波。夏秋之际，荷花绕舟，清风习习，绿云自动，列坐舟中，耳闻水声潺潺，确有"意象幽闲，不类人境"之感。拙政园的

表 3.2-1　传统园林植物的文化寓意表

类型	植物	象征含义	由来及应用
比喻人格	松柏	坚贞	松枝傲骨峥嵘，柏树庄重肃穆，且四季常青，历严冬而不衰；《论语》赞曰"岁寒然后知松柏之后凋也"；常配以山石
	竹	气节	竹子挺拔秀丽，岁寒不凋；古人常以"玉可碎而不改其白，竹可焚而不毁其节"来比喻人的气节。常用于窗前，或与湖石、石笋等搭配
	梅	坚强不屈	梅的枝干苍劲挺秀，宁折不弯，被人们用来象征刚强不屈的意志；而迎风斗雪怒放的梅花，则最先给人间透露春的气息；可孤植、丛植或片植，亦常与松、竹配置在一起
	菊	不畏风霜	菊花在深秋时节开放，花期长，千姿百态，不畏风霜的高尚品格更为人们所称道；在苏州园林中常用作盆栽
	兰	高尚	兰花风姿素雅，花容端庄，幽香清远，历来作为高尚人格的象征
	荷花	清白	荷花花朵艳丽，清香远溢，碧叶翠盖，十分高雅，是清白、高洁的象征
代表美好愿望	牡丹	富贵	牡丹花朵硕大，色泽鲜艳，以"国色天香，雍容华贵"的特色被誉为"花中之王"，视其为富贵荣华的象征。常在花池中配置
	桂花	荣耀	据神话传说，月亮中有一桂花树；过去称应试及第为"蟾宫折桂"，比喻十分荣耀；福建地区的古越人还将月桂编织成"桂冠"，奉献给荣誉最高的人；苏州园林常在门口对植或与玉兰、海棠、牡丹等配置在一起，表达"玉堂富贵"之意
	杏	幸福	因为杏与"幸"谐音，表示"有幸"，杏与花瓶表示"祝您高中"
	桃	长寿	桃是最常见的长寿象征，给老人祝寿便用寿桃；旧时在厅堂中常挂一幅画有三个桃和五只蝙蝠的面，表示"三桃五福"
	水仙	来年好运	"水仙"字面意思为"水中的仙人"；正好在春节前后开花，又称作"年花"，成为来年好运的一个合适的标志
	枫叶	鸿运	枫叶不仅至秋呈红色，有"霜叶红于二月花"的美丽景色，而且因为"枫"与"封"同音，故有"受封"的意思

第3章　苏州古典园林的构成元素

类型	植物	象征含义	由来及应用
感情	垂柳	依恋	《诗经》有"昔我往矣，杨柳依依"之句；柳与留谐音，因而古时送别友人，常折柳枝相赠，以示依恋之情
其他	桃李	门生	常以"桃李满园""桃李满天下"来比喻名师的门生众多
	桑梓	故乡	《诗经·小雅》载"维桑与梓，必恭敬止"，意谓家乡的桑树与梓树乃父母所栽，对它要表示尊敬。后人常以桑梓指代故乡
	槐、楸	高贵、文化	《朱子语类》中有"国朝殿庭，惟植槐楸"；常用于门前

"海棠春坞"小庭院中，一丛翠竹，数块湖石，以沿阶草镶边，点题的垂丝海棠仲春开放，表现了"山坞春深日又迟"的意境。传说中凤凰"非梧桐不栖，非竹实不食"，因此古人多种梧竹待凤凰之至，拙政园"梧竹幽居"便借用这一典故。一株梧桐和翠竹数竿的配置形式，形成简洁却又富有文化意蕴的植物景观。

2.1.5 动物

《世说新语》有言："晋简文帝入华林园，顾谓左右曰：会心处不必在远，翳然林水，便自有濠、濮间想也，觉鸟兽禽鱼，自来亲人。"苏州古典园林将动物造景视为重要的一大构园要素。清代陈淏子的《花镜》中说道："枝头好鸟，林下文禽，皆足以鼓吹名园，针砭俗耳"。

留园濠濮亭系留园观鱼的最佳境地。濠，即濠上，濮，水名，古人观鱼之地，此处借此为名。如亭中匾上所题："林幽泉胜，禽鱼自亲，如在濠上，如临濮滨。昔人谓'会心处便自有濠濮间之想'，是也"，表现出超然尘世烦恼，追求自然情趣的高远意境。

拙政园西花园鸳鸯厅，精美华丽，环境优雅，陈设古色古香，其南部为"十八曼陀罗花馆"，北部名为"卅六鸳鸯馆"。南厅宜于冬春观山茶花，北厅即因临池曾养三十六对鸳鸯而得名。主人在此宴友、会客、听曲、休憩（图3.2-6）。

图3.2-6 拙政园"卅六鸳鸯馆"

2.2 园林意境的营造手法

2.2.1 师法自然，壶中天地

自然的"山""水""植物"在园林中之运用，除了改善本身居住环境之外，也是造园之人对自然理想的追求。私家园林由于面积有限，故把大自然的精华浓缩在有限的空间中，用以追求无限的意境。计成《园冶》说："多方胜景，咫尺山林"；文震亨《长物志》也说过："一峰则太华千寻，一勺则江湖万里"。传统园林造景采用"师法自然，小中见大"的手法，调动景物与诸要素之间的关系，通过对比、反衬等手法的运用，造成视觉上的错觉和联想，合理利用比例和尺度等形式法则来构建空间，以达到在感官上扩大空间的效果。

（1）直接模拟自然山水

如沧浪亭假山，山脚垒黄石护坡，沿坡砌筑磴道，山体狭长，天然委曲；山间小径，曲折高低，上架石梁，下有溪谷，石藓草苔，老树浓荫；更有箸竹披拂，藤萝蔓挂、野花丛生，满山葱茏，和真山老林毫无二致，使人足不出户即可畅游山林（图3.2-7）。

（2）采用"一角画韵"手法

借鉴国画的做法，树取一枝，石取一角，溪出一弯，从一角而至于广袤，由有限而至于无限。这种做法，简率中透露清旷，意象精微，韵味幽

图3.2-7　沧浪亭假山　　　　　　　　　　图3.2-8　"一角画韵"

远。苏州园林中常采用这种做法，粉墙打底，修竹数枝，秀石几块，言简而意赅（图3.2-8）。

（3）营造丰富空间

陈从周先生指出："中国园林，往往在大园中包小园……它们不但给园林以开朗与收敛的不同境界，同时又巧妙地把大小不同、结构各异的建筑物与山石树木，安排得十分恰当……耐人寻味。"苏州园林体量多不大，但给人以丰富的空间体验，多是采用"园中园"的方式来创造和扩大空间。

通过园林建筑、园墙、假山、植物等分隔空间，可使空间相互穿插、连通，产生丰富多变的层次感，或利用多种题材进行组景，使空间愈见其大。划分内外范围的园墙内侧常用土山、花台、山石、树丛、游廊等把墙隐蔽起来，使有限空间产生无限景观的效果。

2.2.2　托物言志，借景抒情

托物言志就是运用造园材料的"内在品质"（比德之美）营造诗情画意的园林景观。在意境的营造中一般有两个层面：第一层，是景物所引起的审美感受，表现为观赏者对景物所怀有的直接情感，如人们对鸟、鱼的喜爱之情，对梅、竹的赞赏之情，对松柏，荷池的偏好等；又比如，竹子自古代表清廉谦逊，松柏代表坚贞，荷花代表纯净，造园者借助这些外在之物表达自己的想法。第二层，是对景物意蕴的抒发与联想，表现为观赏者对审美感受的拓展与深化；观赏者可以通过景物的隐喻作用，引发对其他美好事物的系列幻想或寄予某种希望，通过这种抽象的文化内涵引发更深层次的情感共鸣，从而营造出园林意境。

（1）表达园主的隐逸思想

在苏州私家园林中，许多园主是达官贵人或是文人士大夫，他们大多受到官场排挤，罢官返乡营造自己的一方天地。因此，往往会将自己隐身于精神世界，通过诗歌、绘画以及居住的环境来抒发自己的感慨和志向，寄托自己的追求。白居易在他的《中隐》一诗中写道："大隐住朝市，小隐入丘樊。隐在留司官。似出复似处，非忙亦非闲。不劳心与力，又免饥与寒。"苏州园林正是这种"中隐—市隐"人生哲学和造园思想的产物。

如留园的"五峰仙馆"，前庭的假山是利用当年刘恕所搜集的十二峰石为主体叠筑而成，象征庐山五老峰；馆前的踏跺，用天然石块堆叠象征山的余脉，馆后的清泉，更加强了山的意象。馆名取自李白《望五老峰》，暗喻园主隐遁山林，远离世俗纷扰的心态。五峰仙馆的东面，穿过揖峰轩为主的石林小院，便是"林泉耆硕之馆"。该馆建于清光绪年间，为一屋两翻轩，也被称作"鸳鸯厅"，"林泉耆硕之馆"题意为德高望重者的游憩之处。园主借东晋政治家谢安隐居会稽山的典故，表达对谢安退隐山林，声乐作伴的隐居生活的向往。

网师园彩霞池略呈方形，岸低近水，盈盈池水，吞吐朝晖，接纳夕霞。池东南有溪口，石拱小桥，拦出水涧和水闸，曲折深奥。西北伸出一水湾，平板曲桥，池水似乎去来无踪，顿觉水广波延，若渊源之无穷。池岸以黄石叠砌，大小错落挑出各种凹凸岩穴，形如水口，望去幽邃深黝，碧波涟涟，水面仅植睡莲一丛，不设岛屿，加上环池而筑的亭榭廊轩均体量娇小，更加突出了平波浩渺的水乡气氛，点明了渔隐的主题。

（2）对美好品格的追求

园林中的很多花草树木被赋予了人的情感品格，是文人精神的载体，反映了园主的处世态度与品格。如留园"小蓬莱"及藤架石板曲桥将水面划分为大小不一的两处水池，于池中种植莲藕，因荷花出淤泥而不染，清洁无暇，园主以荷花的高尚品格激励自己保持洁身自好之君子品性。

网师园"看松读画轩"，轩南庭中一株古柏，为园中最古、最高的大树，树梢已枯，中侧枝垂挂干上，依然苍翠；另有罗汉松、黑松、白皮松等，多是百年之物。子曰："岁寒，然后知松柏之后凋也。"严冬万木凋零，惟松柏常青，此时观赏，更见精神。用"读画"一词，意即深入体味其神韵。

（3）表达祈福心态

传统吉祥文化是中国传统文化长河中的重要分支，反映了人们对于吉庆祥瑞观念的心理诉求，具有正面的心理引导作用。有意识地将吉祥纹样注入园林设计中，反映了园主的修养情趣与个人审美；另一方面，也体现了他们对于健康、吉祥、幸福生活的向往。

园林中的铺地纹样寄托了园主人对吉庆祥瑞生活的祈盼，对家人健康长寿、后代子孙繁荣发展的美好愿望。如留园东部小花园内的铺地，既有"六合同春"等具有祈求长寿寓意的组合纹样，也有海棠花、荷花、梅花等图案纹样，寓意吉祥如意。此外，园林中多植荷花、石榴等，藕荷、石榴也寓意子孙繁盛，寄托了园主对家族兴盛的美好祈盼。

园林中的花窗一般用于墙面或者廊壁，起到分隔空间的作用，式样丰富多样，意蕴深远。若了解其中的文化涵义，则更能体会园主心思，进而提升对园林美的认识，如海棠纹样、卍字纹样，寓意吉祥、万事如意等。

苏州古典园林
空间组织

第1节
基本布局

1.1 构园无格，有法无式的布局

"虽由人作，宛自天开"是我国明代的造园家计成提出的造园理论，深刻地影响着苏州古典园林，被奉为造园之标准。关于园林布局，计成强调"构园无格，有法无式"。《园冶·园说》提到"凡结林园，无分村郭，地偏为胜，开林择剪蓬蒿；景到随机，在涧共修兰芷。径缘三益，业拟千秋，围墙隐约于萝间，架屋蜿蜒于木末。山楼凭远，纵目皆然；竹坞寻幽，醉心既是。轩楹高爽，窗户虚邻；纳千顷之汪洋，收四时之烂漫。梧阴匝地，槐荫当庭，插柳沿堤，栽梅绕屋；结茅竹里，浚一派之长源；障锦山屏，列千寻之耸翠，虽由人作，宛自天开。"这段话大意是说：营造园林，无论选址于乡村还是城郊，最好选择在偏静的地段。这些地段只要稍加整理，适当砍伐一些树木，刈除一些杂草，就可以随机借景，处处有景；有溪流的在溪涧边种植兰草，沿着有梅、竹、石等景的地方开设路径。人工建造要与自然环境融合，园墙边种藤本植物，使围墙隐约在藤萝之间；建筑掩映在树木中，使屋顶曲折的轮廓线若隐若现在树梢之上。高处建楼，可以倚山楼放眼远望美景；也可以漫步竹坞寻幽探秘，放松心情。屋宇需高大宽敞，窗前要空旷，便于借湖光景色、欣赏四季美景。庭院要种植梧桐、槐树等，让树木影子落在园里，使绿荫覆盖整个庭院；河堤上要种杨柳，房屋周围种梅花。竹林中建茅屋，疏浚水系，让流水淙淙，以山为屏障，山上广植林木，高耸青翠。这样营造出来的园林环境，虽由人力所作，却仿佛是自然的产物。《园冶·园说》

这一段明确地给出了园林基本形象：在自然的环境中，构筑围墙楼宇，但围墙要用藤本植物遮挡使之若隐若现，建筑或掩映在树木中或建于高处。园中要有潺潺溪涧，要有兰草、梅花、竹子和石头点缀，要有柳岸河堤，要有煦煦和风及斑驳树影，要有高山和林木作为远处背景。这一段话可以总结出：植物、山石、水系、建筑等是构成园林的基本要素；湖光山色、四季美景是园林的审美对象；自然布局是园林的基本形式。

在有限的空间内点缀安排，园内移步换景，变化无穷，使得人工环境自然化，是苏州园林的基本布局特色。

苏州古典园林，园虽不大，占地不多，却以意境见长，因地制宜，别出心裁，以"天地合一"的自然观形成独具匠心的艺术手法。各园的具体布局方式，因规模、地形、内容的不同而有所差异。总体布局可分为以下几种[①]：（1）中部以水为主题，贯以小桥，绕以游廊，间列亭台楼阁，大者中列岛屿，如网师园、怡园、留园等。（2）以山石为全园主题，如环秀山庄，因范围小，不能凿大池，亦以山石为主，略引水泉，岩现活态，宛然若真山水。（3）基地积水弥漫，占地尤广，布局自由。堆山则"平岗小坡，曲岸回沙"；理水"池水以聚为主，以分为辅；小园聚胜于分，大园虽可分，但需宾主分明"，如拙政园。（4）前水后山，构堂于水前，坐堂中穿水遥对山石，而堂则若水榭，横卧波面，如艺圃、芳草园。（5）中列山水，四周环以楼及廊屋、高低错落，与中部山石相呼应，这种布局较少，耦园的布局可算一例。

1.2　蹊径回廊，串联功能空间

1.2.1　总体布局的组成

尽管"构园无格"，布局各有不同，但总体布局一般由宅院、山水景观区和文化活动区三个部分组成。（1）宅院：位于园林的一旁，常穿插各类庭院，并与中心部分连接。（2）山水景观区：以厅堂作为全园的活动中心，面对厅堂设置山池、花木等对景。厅堂周围与山池之间缀以亭榭楼阁，或环以庭院和其他小景区，并用蹊径和回廊联系起来，组成一个可居可观可游的整体。（3）文化活动区：围绕厅堂穿插各类小庭院，以读书、棋琴书画等文化

[①]　引自陈从周.园林谈丛[M].上海：上海文化出版社，1980.

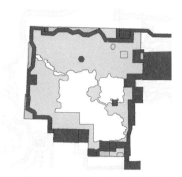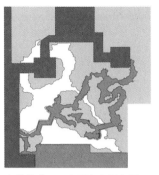

布局模式一：中部以水为主题，贯以　　布局模式二：山石为全园主题
小桥绕以游廊

布局模式三：基地积水弥漫，占地尤广，布局自由

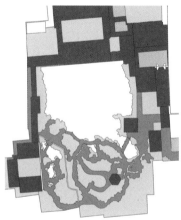

布局模式四：前水后山，构堂　　布局模式五：中列山水，四周环以楼
于水前　　　　　　　　　　　及廊屋

图4.1-1　古典园林空间布局模式图

娱乐为主，小庭院缀以湖石、花木、亭廊，组成丰富景观。

规模大的园林往往划分为很多区域，各区由若干个庭院穿插组合，各有风景主体和特色（图4.1-1）。

1.2.2 案例分析

（1）网师园

网师园位于苏州市阔家头巷，最初是南宋时史氏"万卷堂"故址，清乾隆年间被宋氏（宋宗元）购得后开始重建，并以"网师"自号，取"鱼隐"之意。该园林后虽经历颓圮，在不同年代由不同主人分阶段完成，但仍呈现出了完整性。今天的格局和规模就是清乾隆六十年（1795年）钱大昕为之作记的格局和规模。

网师园被陈从周先生誉为"苏州园林之小园极则"，是"以少胜多"的典范，总体布局大致可分为宅院、山水景观区和文化活动区三个部分（图4.1-2）。

宅院：即住宅部分，位于东侧，前后三进，屋宇高敞，轿厅、大厅、花厅沿中轴线依次展开。由大门门厅至轿厅，东有避弄可通内宅。轿厅之

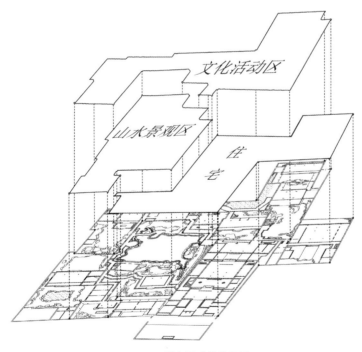

图4.1-2 网师园功能分区图

后，大厅耸立，即万卷堂。其堂前的砖雕门楼为乾隆年间建造之物。雕镂精巧，被誉为苏州古典园林中同类门楼之冠。其后撷秀楼原为内眷燕集之所。住宅区内部装饰雅洁，外部砖雕工细，堪称封建社会仕宦宅第的代表作（图4.1-3）。

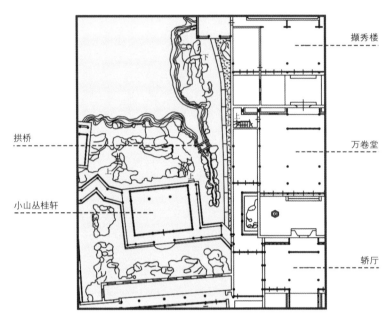

图4.1-3 网师园宅院区

山水景观区：以小山丛桂轩为全园的活动中心，南部由小山丛桂、蹈和馆、琴室组成居住会客宴聚的区域。小山丛桂轩南侧以花墙为界，"山幽桂馥，香藏不散"，轩北有"云冈"黄石假山，可登高一览。蹈和馆、琴室位于小山丛桂轩以西，小院回廊，迂回曲折。景观区中心部位设置水池，池东南溪上置石拱桥名"引静桥"，是苏州园林中最小石桥。引静桥虽小，却起到了不分割水面，增加水流景深的效果。环水周边还布置山石、曲桥、松柏和其他花木，以及射鸭廊、竹外一枝轩、月到风来亭、濯缨水阁，并用蹊径和回廊联系起来。此区域路径随地形高低曲折变化，环池亭阁与山水错落映衬。"凭栏得静观之趣，俯视池水，弥漫无尽，聚而支分，去来无踪""高下虚实，云水变换"，景观变化最为丰富（图4.1-4）。

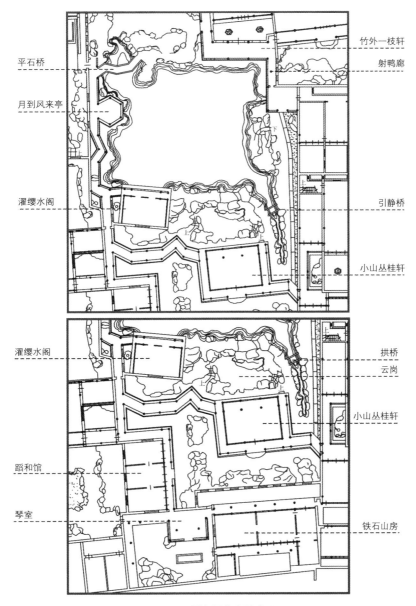

图中标注：
竹外一枝轩
射鸭廊
平石桥
月到风来亭
引静桥
濯缨水阁
小山丛桂轩
濯缨水阁
拱桥
云岗
小山丛桂轩
蹈和馆
琴室
铁石山房

图4.1-4　网师园山水景观区

　　文化活动区，为北边和西边两处。北边以五峰书屋（读画楼）、集虚宅、
看松读画轩等组成以书房为主的区域。西部由"潭西渔隐"洞门、殿春簃、
冷泉亭、涵碧泉组成内园。

　　北部：五峰书屋为旧园主藏书读书之处，屋前后均有庭院，叠以峰峦。

门前庭院山有峰，为庐山五老峰之写意。集虚斋取《庄子·人间世》"唯道集虚，虚者，心斋也"，意即清除思想上的杂念，让心头澄澈明朗，为修身养性之所，是园主之读书处。看松读画轩，轩南有古柏、罗汉松、白皮松、黑松等，是观冬景之处。"岁寒，然后知松柏之后凋也"，严冬万木凋零，唯松柏常青，此时观赏，更见精神（图4.1-5）。

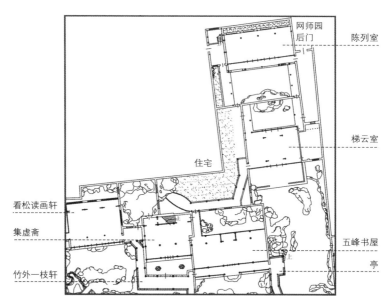

图4.1-5　网师园文化活动区北部

西部：为内园，由"潭西渔隐"洞门、殿春簃①、冷泉亭、涵碧泉组成。内园遍植芍药，并以"花街"铺地，涵碧泉位于内园西南角，与中部水池一脉相通，取"水贵有源"之意，泉上构冷泉亭，庭院精巧古雅，构成一处书斋庭院（图4.1-6）。

尽管网师园的总体布局由三个部分组成，但各个部分并非截然分开，而是相互穿插，并通过各类庭院与核心景观部分连接。小庭院通常又缀以湖石、花木、亭廊等，组成了"园中有院、院中有园"的丰富景观。

不仅网师园如此，其他各园林布局也大抵如此。

_____

① "殿春"，即春末。楼阁边小屋称簃。殿春簃意为春末赏景的小屋。

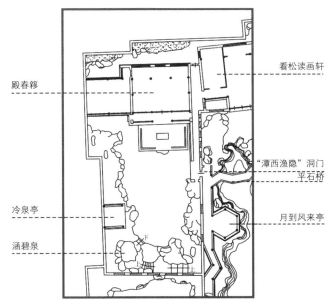

图4.1-6　网师园文化活动西部

殿春簃

冷泉亭

涵碧泉

看松读画轩

"潭西渔隐"洞门
平石桥

月到风来亭

（2）留园

留园的布局也可分为三个部分：以五峰仙馆为活动中心，分为位于中、西部的山水景观区、东部的文化活动区、南部的宅院（图4.1-7）。

留园在阊门外留园路，自明中叶开始经不同主人建设，至清光绪二年（1876年）归盛氏（盛康）所有。因前园主姓刘而俗称刘园，遂取其音而易

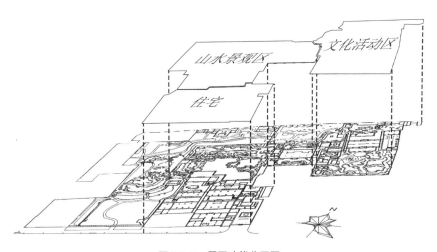

山水景观区

文化活动区

住宅

图4.1-7　留园功能分区图

其字，改名为留园。留园曾名冠吴中，俞樾称其为"吴下名园之冠"；但是20世纪30年代以后，留园日见荒芜。后自1953年开始，经过不断修整和完善，原来宅、园相连的风貌又得以重现光彩。

留园的布局：南部以住宅为主；可从后宅经"鹤所"旁边的门进入中部，中部为山水景观区。由山池、岛屿、古木、连廊、建筑等构成游赏空间，是全园精华。东部区域以读书、听戏、品石活动为主。

留园入口原来位于住宅之后，由住宅入园的门，设在五峰仙馆东侧的"鹤所"附近；但为了方便亲朋好友在春时进入园林，故又另辟园门。现在留园入口仍是原来格局（图4.1-8）。一进大门，由门厅、轿厅、敞厅等组成曲折变化的通道，引导游人入园，而宅院通过墙体分隔，布置在通道一侧成为独立的空间，免受宾客打扰。

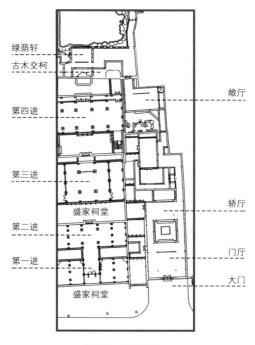

图4.1-8 留园入口

中部为山水景观区：该区域是全园的精华所在。山水景观区以水池为中心，曲桥和小蓬莱岛将水池划为东西两部分。西北为山，东南为建筑。水池的东南两面均被高低错落、连续不断的建筑群所环绕。主厅为涵碧山房，还

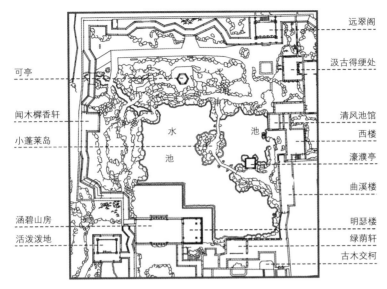

可亭

闻木樨香轩

小蓬莱岛

涵碧山房

活泼泼地

远翠阁

汲古得绠处

清风池馆

西楼

濠濮亭

曲溪楼

明瑟楼

绿荫轩

古木交柯

水池

池

图4.1-9　留园中部山水景观区

有明瑟楼、绿荫轩、曲溪楼、濠濮亭、清风池馆等。明瑟楼和涵碧山房构成船厅的形象，与北面的可亭隔水呼应成对景。这是江南宅园中最常见的"南厅北山隔水相望"的模式。西北假山为土石山，用石以黄石为主，土阜缀黄石，雄奇古拙。山上有银杏、枫杨、柏、榆等高大乔木，其中不乏百年以上古树，形成山林森郁的气氛，是苏州园林土山佳作（图4.1-9）。

东部为文化活动区：自曲溪楼以东，以五峰仙馆为主体的建筑庭院，是园主进行各种文化娱乐的场所。在鹤所、石林小院至还我读书处一带，多个小空间交汇组合，门户重重，景观变化丰富，是园林建筑空间组合艺术的精华。东部的林泉耆硕之馆、冠云楼、冠云台、待云庵等一组建筑群围成庭院，院中有水池，池北为冠云峰。冠云峰为苏州各园湖石峰中最高者，左右立瑞云、岫云二峰。园内还保存有刘氏寒碧庄时所集十二奇石。在东方文化中，山、石是人文性格的物化表现。留园的山石玲珑多姿，既表现了自然之美，也反映了中国自古以来特有的爱石、藏石、品石、咏石、画石的石文化现象（图4.1-10）。

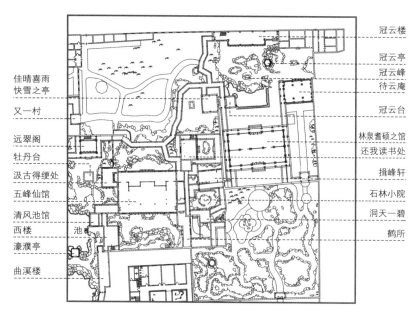

佳晴喜雨
快雪之亭

又一村

远翠阁

牡丹台

汲古得绠处

五峰仙馆

清风池馆

西楼   池

濠濮亭

曲溪楼

冠云楼

冠云亭

冠云峰
待云庵

冠云台

林泉耆硕之馆
还我读书处

揖峰轩

石林小院

洞天一碧

鹤所

图4.1-10　留园文化活动区东部

（3）沧浪亭

苏州古典园林多为文人居住的私家园林，因此在布局上也充分体现出文人园林的特点，即宅园结合、诗书琴画融入园林。故而，宅院、山水景观区、文化活动区是其基本的三个部分，但沧浪亭的布局是个例外。

沧浪亭布局以山为主，院内无水，也无明显的三个功能区。这与沧浪亭的历史有关。沧浪亭并非真正意义的私家园林。沧浪亭始建于五代十国晚期，是宋开宝二年（969年）吴越王钱俶妻弟孙承佑任中吴军节度使时营建的别墅。数十年后荒芜，北宋庆历四年（1044年），诗人苏舜钦买入后，在北碕筑亭，命名"沧浪亭"。苏舜钦去世后，宅园多次更换主人，元朝时被废为僧居，先后建妙隐庵、大云庵。明洪武后改为南禅集云寺。明成化十二年（1476年）寺毁于火，之后几经兴废。清康熙二十三年（1684年），江宁巡抚在沧浪亭遗址内建苏公祠，11年后宋荦重修沧浪亭，构亭于山之巅，又得文徵明书写"沧浪亭"三字作揭诸楣。清乾隆三十八年（1773年），建中州三贤祠。清道光、同治年间又进行修葺和重建，光绪之后几度修葺未成。直到新中国成立后，才得以全面修复。从沧浪亭的发展历史可以看出，与其他私家园林不同，沧浪亭最初为私家园林，但自元代以后，一直具有寺院的性质，所以在功能布局上与其他园林有所不同。

第 2 节
空间组织

2.1 自由灵动的三维空间界面

古典园林的空间创造，是通过四周高墙进行明确的围合，营造"独乐园"的环境；空间围合可开敞，也可封闭；可以是规则的，也可以是不规则的。正如《园冶》所云："如方如圆，似偏似曲，如长弯而环璧，似偏阔以铺云"，形态千变万化。空间的围合是由底面、垂直界面、顶面共同界定的。底面的形状、高低起伏、材质、铺装图案可以暗示空间的界线。垂直界面是界定空间的主要因素，它的形象以及与人的尺度关系，影响空间的围合感。顶面围合的形式、高度、图案、硬度、透明度、反射率、吸声能力、质地、颜色、符号体系等都明显影响着空间的特性。

苏州古典园林能够在咫尺之内再造乾坤，很大程度上在于对于空间各个面的仔细营造，通过底面、垂直面、顶面等的景观营造使空间景色变化无穷，空间层次丰富多彩。

2.1.1 苏州古典园林空间的"底面"形式
古典园林布局有规则式、自然式、混合式三种。

（1）规则式园林为西方园林布局的主要特点，体现雄伟、庄严、整齐与对称，"底面"呈现出规则的几何图案美。"底面"中的建筑、广场、道路、水面、花草树木等多按照明显的轴线进行几何对称式布置。

（2）自然式园林是中国园林布局的主要特点，日本及其他亚洲国家的园林很多也沿用这种形式。自然式园林以山水为骨架，把自然景观和造园要素融合在一起，形成"源于自然又高于自然"的景观效果。"底面"呈现出自由灵动多样的形式。

（3）混合式园林没有明显轴线关系和山水骨架，有些采用规则构图与自然构图结合的形式，局部采用对称布局，大部分依地形灵活造园。"底面"的形式往往是规则式和自然式的结合。

苏州园林师法自然而又融于自然，园林布局有法而又法无定式。"园基不拘方向，地势自有高低；涉门成趣，得景随形，或傍山林，欲通河沼"。"相地合宜，构园得体"。与非常强调秩序、等级和轴线的园林不同，苏州古典园林布局"范山模水""得景随行"，形式上打破严格的轴线对称格局，布局随地势高低自由，灵活多样，不拘于一种形式，只需要入门有趣，随处有景；或依傍山林，或沟通河流；高处设亭台，低处挖池沼，水边设虚阁，夹巷布游廊，水上架桥，建馆舍修围墙，保留古树，使建筑与植物相得益彰。如果城郭里建园，尽量远离大路，以求安静；村落中建园，借林木高低参差之景。园中只要有美景，都可加以利用。只要"相地合宜"，就可"构园得体"。古典园林这种立基或布局的原则，使园林富于变化、充满生机、韵味无穷（图4.2-1）。

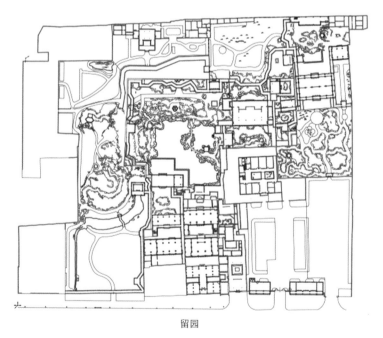

留园

图4.2-1　苏州列入世界文化遗产的九个园林的底面图

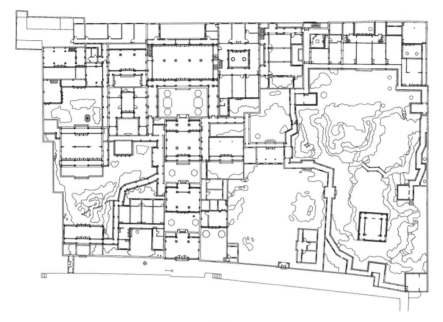

耦园

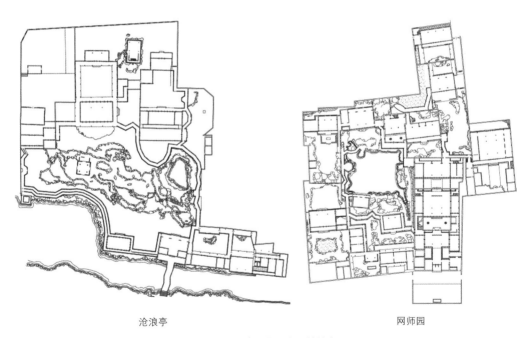

沧浪亭   网师园

图 4.2-1（续） 苏州列入世界文化遗产的九个园林的底面图

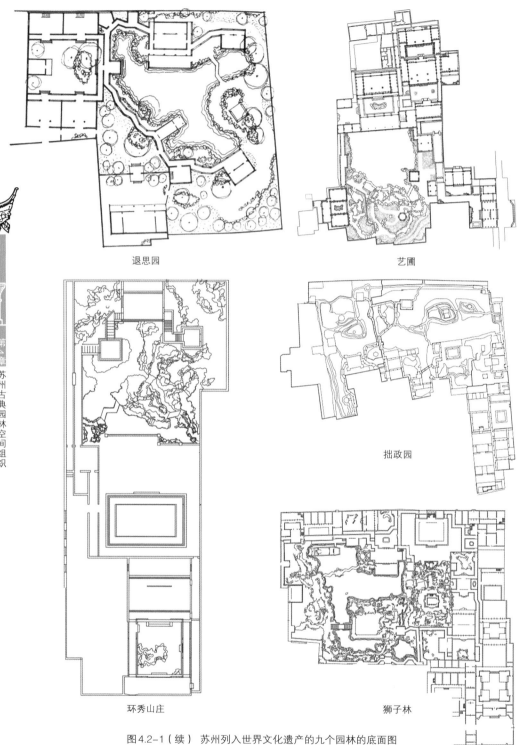

退思园

艺圃

拙政园

环秀山庄

狮子林

图4.2-1（续） 苏州列入世界文化遗产的九个园林的底面图

细观九个园林的底面图后可知，苏州古典园林不仅总的底面构图灵活多变，局部空间也是变化丰富。每一个局部空间中，建筑形式规整，但体量不同、位置方向不同，与墙体、曲廊共同组成了大小不同的空间；每个空间中再布置自然的山石和植物，使空间的形状更加自然和多变。多变的构图使空间产生无穷的趣味，正如朱炳清对《狮子林》的描述："对面石势阻，回头路忽通。如穿九曲珠，旋绕势嵌空。如逢八阵图，变化形无穷。……同游偶分散，音闻人不逢。变化夺地脉，神妙夺天工。"

综上，苏州古典园林平面布局上通过多变构图，应用轴线、对景、因借、移位等手法，创造出丰富多变的空间格局基础（图4.2-2）。除了底面的

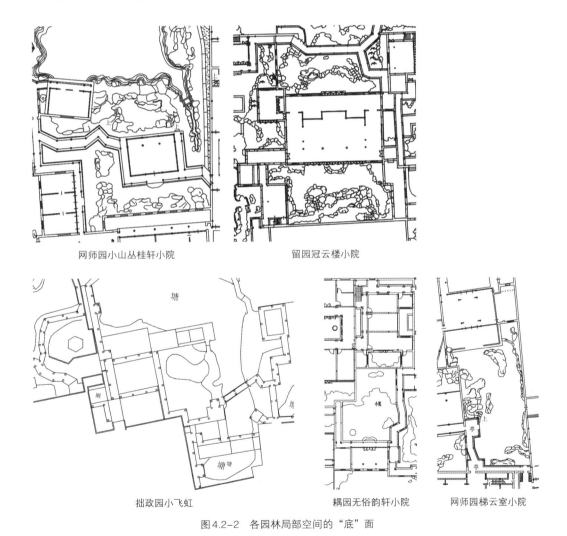

网师园小山丛桂轩小院   留园冠云楼小院

拙政园小飞虹   耦园无俗韵轩小院 网师园梯云室小院

图4.2-2　各园林局部空间的"底"面

形状外，园林"底"面的起伏、材质、铺装图案也可以暗示空间的界线，并引导视线。受写意山水诗和山水画的深刻影响，苏州古典园林追求"诗情画意"，园内地形起伏跌宕，山峦蜿蜒，水面曲折回环；建筑掩映在树木山岭之中。由于底面的起伏增加了空间的层次感，道路层层叠叠，不仅丰富了观赏景色，也使足下的体验变幻莫测，使游赏充满趣味。

另外，材质和铺装图案的变化，对空间划分也有着微妙的暗示作用，并对人的行为有一定的指示引导作用。苏州古典园林底面有硬质的铺地、湖石、花草、水面等，材质多样。各种材质的拼接、滑涩质感的转换、花纹纹理的变化等不仅可以提示空间、划分地域，还可以诱导人的观赏和游憩，界定人的活动范围，提供不同的知觉体验（图4.2-3）。

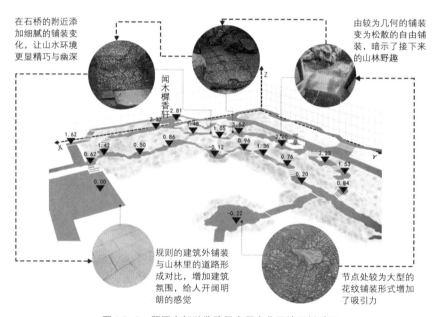

图4.2-3　留园中部游览路径高程变化及地面材质图

2.1.2　苏州古典园林空间"垂直界面"形式

垂直界面是空间的分隔者、屏障、挡板和背景，可以极大地影响景观体验（图4.2-4）。

苏州古典园林追求"隐逸"的特点，用高高的围墙与外界分隔，形成独立的世外桃源般的封闭空间。除了沧浪亭北面以河流为界外，苏州古典园林都是用高高的白粉墙围合边界。粉墙黛瓦是苏州古典园林建筑的基本特点，

竖向围合的作用
受引导的人的反应及围合的
种类或程度而异

1. 产生兴奋、分割、好奇、惊讶,
被诱导运动的复合空间

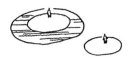

2. 围合可以通过对底面的强有力
的装饰有效地体现出来

3. 简单的围合以形成思想、形式、
细节注意力的集中

4. 闭合产生松弛与宁静

5. 开放与自由诱导活动和勃勃生机

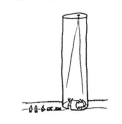

6. 空间通过设计用以产生特定的情
感和精神的影响

图4.2-4　竖向围合与人的景观体验示意图

也是垂直界面中最引人注意的形象特征。"墙是园林不可或缺的,既在园周
为界也做内院分隔。园墙并非如平常墙壁那种一片平实成直角的功能性砌筑
结构,它既可平面为曲线,也可在墙顶部做起伏,甚至两者兼有之。"[①]可见
墙的形式多样,既有曲直,又有高低、宽窄。

　　高高的白粉墙与门楼或其他建筑构成简洁素雅的园林外部垂直界面形象;
但是内部垂直界面的形式极其多样灵活,有墙、建筑、花木、山石等多种元
素,既可单独构成也将这些元素的组合;在平面上曲折布局,立面上高低穿
插,形成点、线、面等不同体量的界面。这些不同形象的界面与天空、白云、
水面等再次组合,构成丰富的景观层次。苏州古典园林被公认具有"咫尺之
内再造乾坤"之妙,由白粉墙、廊、楼、树木、桥、假山等组合形成的多种
界面形式,不仅形成多样的空间围合及有效的空间边界,提高人对主要景观
的关注度,更能"以小见大",咫尺之内通过不同垂直界面的变化,营造出变
换的景观层次和取法自然而又超越自然的深邃意境(图4.2-5~图4.2-8)。

---

① 引自童寯.江南园林志[M].北京:中国建筑工业出版社,1984.

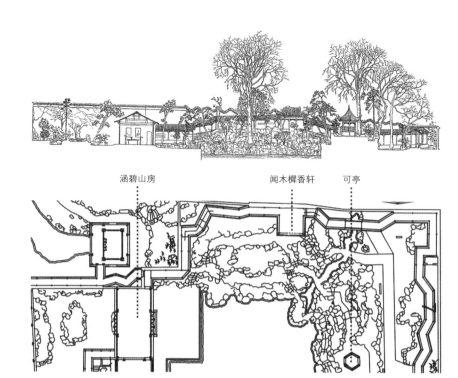

涵碧山房　　　　　　　　　　闻木樨香轩　　可亭

图4.2-5　留园中部山水景观区西面构景元素及空间层次关系

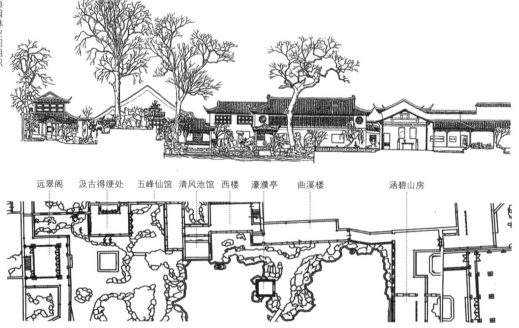

远翠阁　汲古得绠处　五峰仙馆　清风池馆　西楼　濠濮亭　曲溪楼　　　涵碧山房

图4.2-6　留园中部山水景观区东面构景元素及空间层次关系

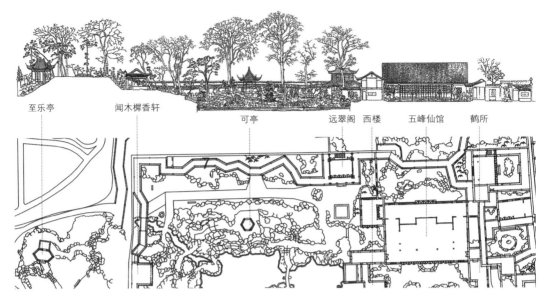

图4.2-7　留园中部山水景观区北面构景元素及空间层次关系

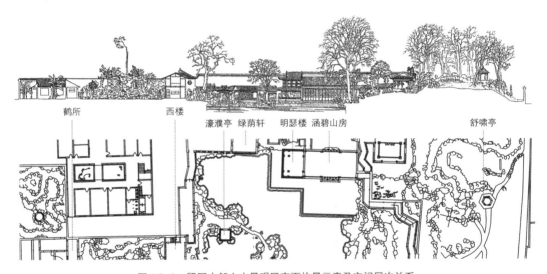

图4.2-8　留园中部山水景观区南面构景元素及空间层次关系

　　垂直界面与底面的关系影响空间感。如图4.2-9所示，其中 D 为人的视距，H 为超过人眼高度的垂直界面高度（图4.2-9）。

　　当垂直界面高度超过人眼高度，若观景的视距与其高度与相近时，垂直界面有较好的封闭感；若视距是其高度的2~3倍时，垂直界面对人的感染力适中，空间舒适，有亲切的庭院感；如视距是其高度4倍及以上时，垂直界

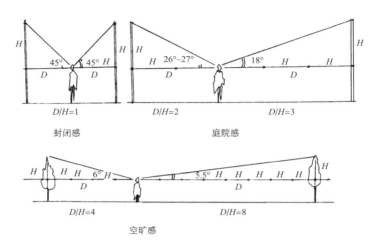

图4.2-9　不同视距与景高的空间感受示意图

面对人的感染力弱，空间散漫空旷。营造园林空间时，通过调整视距与垂直界面的关系可营造不同的围合空间。不同大小空间的穿插变化，封闭与开敞空间的转换，不仅满足了各种功能的需要，更带给人不同的空间感受和审美体验（图4.2-10、图4.2-11）。

垂直面的高度和通透度也影响围合效果。垂直面越低或是边界越通透，空间的开放性越高，空间的封闭和安全感也大大削弱，会显得更自然。

苏州古典园林多由诗人和画家参与，对垂直面跟人的视觉影响以及空间的围合与审美有着独到的把握。为了减少建筑空间和小院落因围合带来的狭窄感和封闭感，园林中墙面常常开设各种空窗和漏窗，或者在院落中种植少

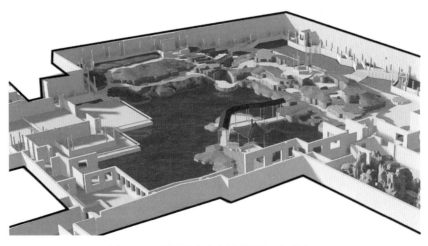

图4.2-10　留园中部山水景观区底面及垂直面

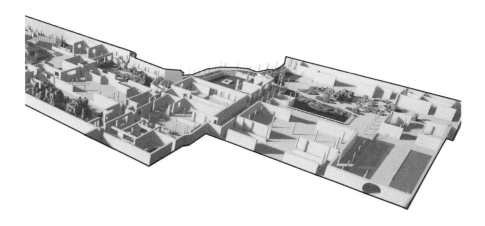

图4.2-11　留园东部底面及垂直面

量高大植物，有时又设置一定体量的置石，通过垂直界面的趣味变化来削弱垂直界面的单调感。

多样的垂直面构成了丰富的围合形式，进一步构成了无穷变幻的空间；空间相互穿插通透，增加了风景层次和深度。这些都会让人产生松弛、安静、稳定、兴奋等的体验以及景致多样的感受，达到"步移景异"的效果。

2.1.3　苏州古典园林空间的"顶面"

天空、屋顶、翘角、围墙顶部、树冠、湖石、假山等，组成园林空间顶面；顶面围合的形式、高度、图案、硬度、透明度、反射率、吸声能力、质地、颜色、符号体系等都明显影响了空间的特性（图4.2-12）。

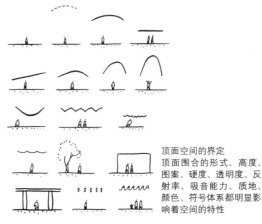

顶面空间的界定
顶面围合的形式、高度、图案、硬度、透明度、反射率、吸音能力、质地、颜色、符号体系都明显影响着空间的特性

图4.2-12　顶面的空间界定

建筑屋顶是组成园林顶面的主角，苏州古典园林的屋顶形式极其丰富，有方形、长方形、圆形、三角形、扇形、十字形、多边形等形状，有攒尖、歇山、卷棚、庑殿、盝顶、十字顶、悬山顶、平顶等形态，也可分成单檐、重檐、三重檐等构造。园林建筑采用嫩戗发戗与水戗发戗结构做法，使屋檐的翼角起翘舒展飘逸，屋顶"如鸟斯革，如翚斯飞"（《诗经·小雅》）。由于建筑单体的体量、位置形状等的变化，这些高低不同、体量不同的建筑与其他元素一起构成"围墙隐约于萝间，架屋蜿蜒于木末""轩楹高爽……梧阴匝地，槐荫当庭""障锦山屏，列千寻之耸翠"（《园冶》）的组合。蓝天白云间建筑的飞檐翘角与山峦相依、与植物相伴，粉墙黛瓦与青天翠叶相间，不仅丰富了天空天际线，也构成顶面极其丰富的变化（图4.2-13、图4.2-14）。

2.1.4 苏州园林遵循画意

写意山水画有一个显著的特点就是留白。所谓留白就是在墨线和墨块之间不着一墨，用大面积空白营造出深远的意境。具有写意山水画意境的苏州园林，也精于虚实之间的对比与调和。底面、垂直面、顶面三个层面都是通过多种元素的组合、叠加、留白等手法，构成虚实相济的大小空间，模糊了自然与人工的界限，营造出意境深邃、层次丰富的迷人空间（图4.2-15、图4.2-16）。

环秀山庄建筑内部屋顶顶视图　　　　　　网师园建筑内部屋顶顶视图

图4.2-13　建筑内部屋顶顶视图

环秀山庄建筑与墙体围合的顶面   网师园由建筑、墙体和植物围合的顶面

图4.2-14　各种构景元素组成的顶面

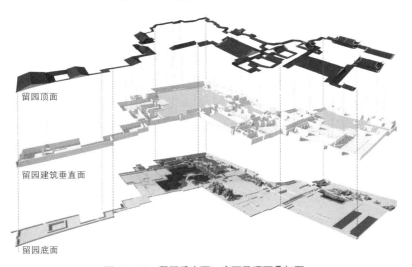

留园顶面

留园建筑垂直面

留园底面

图4.2-15　留园垂直面、底面及顶面叠加图

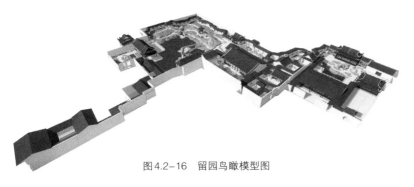

图4.2-16　留园鸟瞰模型图

2.2 虚实互生的空间组织方法

园林基本由居住、文化娱乐以及游赏三种功能空间组成，这三种功能空间各有不同的基本功能要求。如何把这三种空间组织在一起，使之既能满足不同功能要求又能协调统一相互成景是古典园林空间组织的魅力所在。古典园林的空间组织方法就是把相似的空间相对集中，同时又把不同空间相互穿插，形成既分隔又联系的关系。各个空间通过游览路线进行串联，在游览路线上灵活安排多种赏景空间和多种赏景方式，创造多功能空间的有机组合。

2.2.1 分隔与联系

为了在"有限空间里创造无限景致"，围合、分隔与联系是基本的也是重要的手法。只有通过"围合—分隔—联系"才能使园林空间功能多样，景观层次丰富。不同的空间通过穿插变化，相互渗透分隔，构成一个完整的整体。

苏州古典园林最大的空间组织特点就是自然空间与人工空间的围合、嵌套和分隔。通过自然的庭院、半自然的轩榭亭廊以及人工的厅堂屋等，完成各种功能空间的组织。每一种功能空间中又通过实墙、建筑、密林、山阜、疏林、空廊、漏窗、花墙、水面、绿篱等的围合、嵌套和穿插，划分出一个个独立的空间，既满足生活、娱乐、休闲的多种需要，又形成"园中有院、院中有园"的景观层次。

按照构景元素的组合形式，围合又分为建筑与墙围合、建筑与廊和墙围合、建筑与建筑围合、建筑与山体和墙围合等几种形式。

（1）建筑与墙围合

以网师园的殿春簃为例，其由主体建筑和墙围合而成。殿春簃是网师园中一个独立小院庭院，被主体建筑分为南北两个空间，北部为屋后的一个天井，梅、腊梅、慈孝竹倚墙而栽，成了殿春簃的窗景；南为一个大院落，散布着山石、清泉、半亭。南北两个用墙围合、被建筑分隔的空间形成了大小、明暗的对比，整个庭院景观丰富而不觉局促，富有工整、简洁的特色（图4.2-17）。

（2）建筑与廊和墙围合

廊是一种半实半虚的特殊建筑形式。以建筑、廊、墙围合成的庭院通常

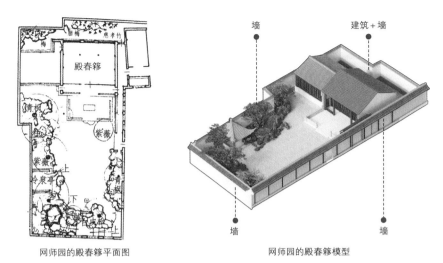

网师园的殿春簃平面图　　　　　　　网师园的殿春簃模型

图 4.2-17　建筑与墙围合形式

是一种半开放的空间，廊和设有门洞花窗的墙常常作为与其他空间相互渗透的界面。

如留园中冠云峰庭院和中部核心庭院。冠云峰庭院周边由林泉耆硕之馆、冠云楼、待云庵、西侧的曲廊、东侧的墙围合，整个空间是以突出冠云峰为主。西侧的曲廊与竹林相渗透并和佳晴喜雨快雪之亭又围合成了一个小空间。整个庭院空间有开有闭，联系了全园又保证了庭院的独立性。留园中部大空间西北两侧的爬山曲廊游走在墙的边缘，随行而弯、依势而曲，在平面和立面都做到了曲直、高低的变化，通过曲折变化把有限的空间无限放大（图4.2-18）。

（3）建筑与建筑围合

以建筑围合成的庭院由于四周都是建筑，所以空间封闭性强，视线被四周的建筑遮挡，人的注意力集中在庭院内，景物感染力较强。将廊和建筑串连成一体，使整个空间向心力加强，是苏州古典园林常见的空间组织方法。为了把游客视线引到庭院中间，庭院的中间通常会设有石、假山、水池、植物等主景。

如留园的还我读书斋，作为园主的书房，这个庭院就利用建筑、廊进行围合，形成一个独立封闭的庭院，从而营造出一个自成天地的幽雅宁静的空间。庭院中建筑坐西朝东，东有回廊围成的小庭院，院中则布置湖石花坛，植有树姿苍劲的古树名木。

类似的如拙政园的海棠春坞，庭院由玲珑馆、听雨轩、海棠春坞和曲廊围合而成。庭院中间有墙稍作分隔，但是漏窗和洞门能使分隔的两个小空间互相渗透，并且北有置石与海棠竹相搭，南有一泓水池与桂花、竹、黄杨相衬。整个庭院与外相隔，自有天地（图4.2-19）。

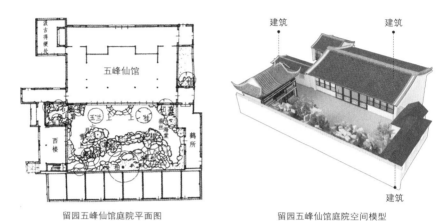

留园五峰仙馆庭院平面图　　　　　　　　留园五峰仙馆庭院空间模型

图4.2-18　建筑与廊和墙围合形式

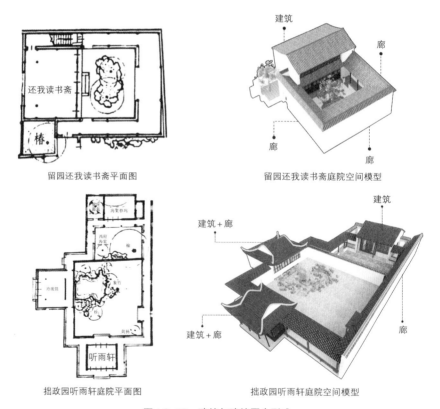

留园还我读书斋平面图　　　　　　　　　留园还我读书斋庭院空间模型

拙政园听雨轩庭院平面图　　　　　　　　拙政园听雨轩庭院空间模型

图4.2-19　建筑与建筑围合形式

（4）建筑与山体和墙围合

以建筑、山体与墙围合成的庭院具有开放、松散、自然的氛围。

以狮子林指柏轩庭院为例，这个庭院是由指柏轩、见山楼、东西两侧的廊、指柏轩对面的假山围合成的。假山罗列了座座奇峰、石笋，还有山洞盘曲其中。因此山体不仅是指柏轩的对景，站在指柏轩前人的视线更是可以透过假山延伸到更远处，使庭院有限的空间得到延伸。

再如留园的五峰仙馆庭院，以五峰仙馆为中心，馆前设置有叠石假山，有汲古得绠处、西楼、鹤所等辅助用房环绕四周。封闭的布置将整个庭院的重心集中在假山处，使人工建造与摹拟自然的假山融为整体（图4.2-20）。

围合不是目的，而是空间划分的一种手段。围合后需要通过分隔，才能使空间围而不闭，相互贯通联系。

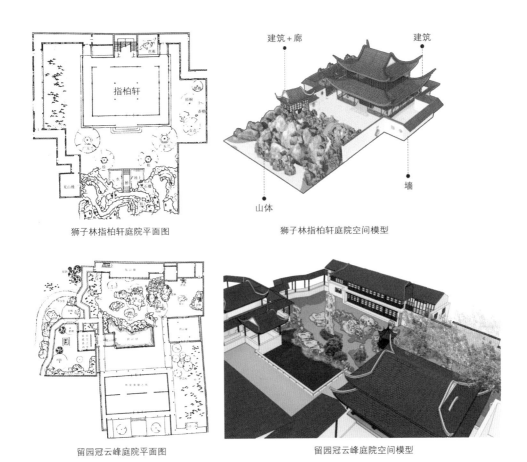

狮子林指柏轩庭院平面图　　　　狮子林指柏轩庭院空间模型

留园冠云峰庭院平面图　　　　留园冠云峰庭院空间模型

图4.2-20　建筑与山体和墙围合形式

空间的分隔有实分和虚分。所谓实分就是将功能不同，风格不同，要求各不干扰的两个空间用实墙、建筑、密林、山阜完全分隔的方法。实分使空间相对独立，避免空间内的活动受到其他干扰。所谓虚分就是两空间干扰不大，需互通气息互相渗透时，用疏林、空廊、漏窗、花墙、水面、绿篱等分隔空间的方法。

实分和虚分不是严格区分的，往往是实中有虚、虚中有实，交叉使用，有开有合，增加风景层次和深度。

园林空间的大小是相对的，不是绝对的，无大便无小，无小也无大。关于空间的分隔，刘敦桢先生提到"采用墙、廊、房屋围成院落时，往往使空间过于封闭，为了使空间不完全隔绝，或留有缺口，或用通间落地长窗使室内外空间打成一片，或用敞轩、敞亭、敞廊，或用洞门、空窗、漏窗等，使空间形成半隔半连的状态"。园林空间越分隔，感觉却越大，以有限面积，造无限的空间，大园包小园，反复分隔。一般来说，虚分可以很好地突破空间的局限性取得小中见大的效果，可以使两个相邻空间通过互相渗透把对方空间的景色吸收进来以丰富画面，增添空间层次并取得交错变化的效果。

对空间进行围合、分隔与联系，需体现分而不隔的效果，如若完全分隔则体现不出景观空间的连续性和贯穿性。只有将分隔与连通同时体现在其中，才能使人的视线从一个空间穿透到另一个空间，从而使两个空间得以相互贯通，体现出空间的变化和层次感（图4.2-21）。

2.2.2 空间的游览路线组织

利用墙、廊、建筑、假山、植物等对空间进行围合、分隔和贯通气息后，需要利用观赏点和观赏路线串联各空间和组织各景区，同时还需要有意识地利用各种造景手法组织园景。

（1）游览路线的动静节奏变化

"园中景物，需要有一条或几条恰当的路线把它们联系起来，才能发挥应有的效果，否则园景虽好，也难于被人充分领受。因此只有在布局中处理好观赏点和观赏路线的关系，才能使人们游览时，犹如看到连续的画卷不断展现在眼前"。空间和空间之间、景物和景物之间只有通过游览路线的串联才能相互联系。

安排和组织游赏时首先考虑动态观赏和静态观赏两种形式。"园有静观、

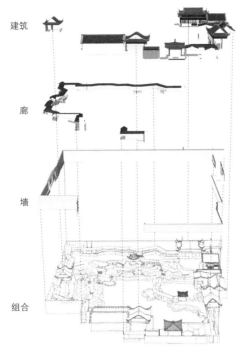

建筑

廊

墙

组合

用墙围合成独立空间，用廊、桥、亭、山分隔和联系内部空间、用建筑分隔并联系外部空间

图4.2-21　留园中部庭院墙与建筑的围合、分隔和联系模型

动观之分，这一点在造园之先，首要考虑"。游赏者在欣赏景物时，有静态观赏和动态观赏两种形式。所谓静观就是坐或立在景物之前观看欣赏。动观就是边行边赏景，或者在行进中的车船中观赏风景。静观需要考虑多驻足的观赏点，动观就是要有较长的游览路线（图4.2-22）。

静态观赏便于观赏景物的细微变化，因此在重要的景点或优美的景色附近布局亭、榭、廊、座椅等，这样就形成静态赏景空间，便于人集中思维，仔细品评。动态欣赏主要欣赏景物的全貌，景物随着游人的移动而不同变换，即使同一景物，它向欣赏者呈现的方面也在变化。

园林中厅堂是全园主要静态观赏点，因而厅堂周围景致往往最为丰富。厅堂之前多设有山水景物，采取隔水对山而立的办法，静坐于厅堂中，多种要素组合成不同垂直面，构成一幅幅变化的风景，耐人寻味。其他一些观赏点，如亭、廊、榭、舫等，也常常绕水环山而设。观赏点的布置因地势高低和位置前后变化多样，或登山，或临水，或开阔明朗，或幽深曲折。

景点的安排与动静空间的布局相辅相成。造型奇异的置石或者名贵的花木，通常放在静态赏景空间中，并需要安排有足够的驻足观赏点，这样才能

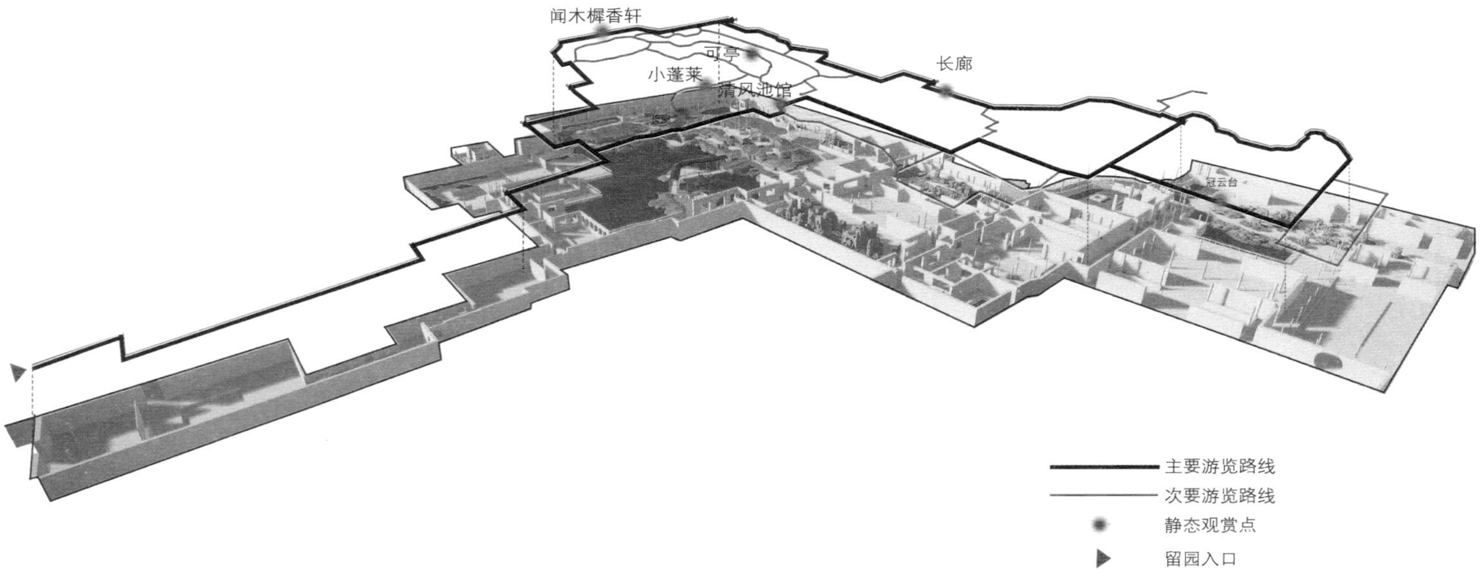

图4.2-22 留园东部及中部游览路线组织

主要游览路线
次要游览路线
静态观赏点
留园入口

长廊

闻木樨香轩
小蓬莱
可亭
清风池馆

便于仔细观赏和品味；而在动态游览线上，为了避免游赏的单调和无趣，通常点缀花木置石。因此，普通平淡的景物一般安排在动态游览线上，而层次丰富、变化细腻的景物需要安排驻足欣赏点，并注意静态欣赏的视距设置要合适。总之，为满足动观要求，风景路线的组织宜高低回环、曲曲折折，在风景路线上布局变化的风景，使人产生步移景异之感，形成一个循序渐进的连续观赏过程。为满足静态观赏要求，设置一些能激发人们进行细致鉴赏欲望，具有特殊风格的近景。通过这种动静结合、张弛有度的安排，空间被有机组成一个整体，并形成了抑扬顿挫的节奏感。

（2）观赏视角的曲直俯仰安排

"尽曲尽幽"是苏州古典园林中一种观赏路径安排的手法，园林中常见曲廊回环、曲桥卧波、曲径通幽、曲水绕园。路径的曲直变化，不仅可以延长游览路线，增加空间幽深感，更可以使同一景物从不同角度被观赏到，物虽一物，景却多维。掩映曲折的路径使空间"视觉莫穷，往复无尽"。园林空间布局十分讲究结构，布置曲折幽深，直露中要有迂回，舒缓处要有起伏。曲桥、曲廊、曲径等不同形式的道路，在交通意义上是由一点到另一点而设置的，但依风景而曲折，信步其间使距离延长，能在不同程度、以不同心境欣赏沿路风景，加深趣味，从而达到步移景易的效果（图4.2-23、图4.2-24）。

除了平面的曲直变化外，观赏过程中，观赏点与被观赏的景物之间的位置有高有低，就会产生平视、仰视、俯视三种赏景方式。

图4.2-23 沧浪亭曲廊曲折路径　　图4.2-24 耦园曲廊曲折路径

平视是最舒适的赏景形式，视线平行向前，头部不用上仰下俯。平视使人感受到平静、安宁、深远等，景物深度的感染力强，高度感染力小，因而平视风景应布局在视线可以延伸较远的地方。

俯视可居高临下，景色全收。俯视观赏景物垂直于地面的直线，产生向下的消失感。因此，景物愈低愈显得小，俯视容易造成开阔惊险的风景效果。俯视角小于45°，产生深远感；俯视角小于30°，产生深渊感；俯视角小于10°，产生临空感；俯视角接近0°，产生摇摇欲坠的危机感。

为了登高远眺，极目四望，园林中常建楼阁或掇山建亭，创造远望条件。景物很高大且视距很近时，观景就得仰头，称仰视。仰视观赏景物，与地面垂直的线条会产生向上消失的感觉，景物高度感染力较强，容易形成雄伟、庄严、紧张的气氛。一般认为，视角大于45°时，会产生崇高感；视角大于90°时，会产生下压的危机感。园林中常常通过仰视角的控制，把视距安排在景物高度的一倍以内，并设法不留有后退余地，使观赏者以大于45°仰视角欣赏景物，强调主景的伟大、崇高，或者创造山高峰险的意境。高视点利于远借园外风景和俯瞰全园，低视点贴近水面，因水得景。

古典园林是由不同空间穿插组合而成，空间中景物的景观效果受视觉规律的影响控制。按照人的视网膜鉴别率，人的正常静观能看清景物整体的视域为：垂直视角26°~30°，水平视角45°。根据这一视觉规律，舒适的观赏点视距为景物高度的2倍或宽度的1.2倍。

对于园林景物，游人是在不同位置赏景。园林空间中以高为主的景物有置石、假山、楼阁等。当景物是以高为主时，景物的设计要考虑视角18°、27°及45°时的情况。垂直视角18°时的视距，即为景物高度3倍的地方，可以看到群体的效果，不仅能看到陪衬主体的环境，而且主体在环境中也处于突出的地位；27°时的视距，即为景物高度的2倍的地方，主体非常突出，环境退居第二位，实际上主要是在欣赏主体自身；45°时的视距，即为景物高度的1倍的地方，视线不再关注景物整体形象，而是以欣赏景物的细部为主。

通常人们认为古典园林是出于诗人或画家感性的设计，因而理性不足。但是根据观景点与景点之间的距离实例分析，发现优秀园林景观如诗如画的效果其实是通过理性的视距视角控制的（表4.2-1、表4.2-2）。

空间中视点的设计合理与否，可能影响景物的观赏效果。合适的视点设

表4.2-1 古典园林观景点与景点之间的距离实例

园名	观景点与景点起止点	视距（m）	景物的高度（m）		
			房屋	亭子	山景
拙政园	从"远香堂"至"雪香云蔚"	34		8.5	4.5
留园	从"涵碧山房"至"可亭"	35		10	4
怡园	从"藕香榭"至"小沧浪"	32		9	4~5
狮子林	从"荷花厅"至对面假山	18			
沧浪亭	从"明道堂"至"沧浪亭"	13			
网师园	从"看松读书轩"至"濯缨水阁"及假山	31	5.5		
环秀山庄	从西侧边楼至假山主峰	13			

表4.2-2 以峰石为主景的视距实例

石峰所在园名	视距起止点	视距（m）	石峰高（m）	高与视距之比
留园冠云峰	从"林泉耆硕之馆"北门口至"冠云峰"中心	18	6.5	约1：3
怡园"拜石轩"北面中峰	从"拜石轩"北门口至中间石峰	9	3	1：3
狮子林小方厅	从"小方厅"北门口至石峰	10	5	1：2
狮子林古五松园	从"古五松园"东门口至石峰	8	4	1：2
留园石林小院	从"揖峰轩"门口至石峰	5.5	3.2	约1：2
留园五峰仙馆	从"五峰仙馆"南门口至石峰	10	5.2	约1：2

计将使景物形象得到完美体现，不合适的视点设计可能会使景物尺度产生偏小或偏大的感觉（图4.2-25、图4.2-26）。

园林空间是有限的，要在有限的空间中创造无限的景致，做到"步移景异"，空间的围合、分隔与联系、游览路线的组织以及观赏视角视距的变化都是看似无心、实则有意的安排。通过观赏点和观赏视角的安排，引导游赏者以平视、俯视、仰视的不同角度反复欣赏景物，创造出了独特的"咫尺之内再造乾坤"的艺术效果（图4.2-27、图4.2-28）。

图4.2-25　从五峰仙馆看山

图4.2-26　石林小院

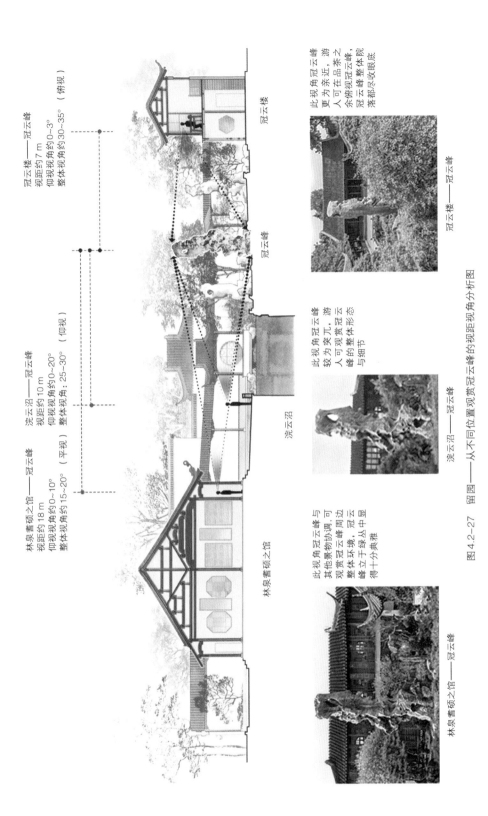

林泉耆硕之馆——冠云峰
视距约18 m
仰视视角约0~10°
整体视角约15~20°（平视）

浣云沼——冠云峰
视距约10 m
仰视视角约0~20°
整体视角：25~30°（仰视）

冠云楼——冠云峰
视距约7 m
仰视视角约0~3°
整体视角约30~35°（俯视）

冠云楼

冠云峰

浣云沼

林泉耆硕之馆

此视角冠云峰更为亲近，更为亲近，游人可在此品茶之余俯视冠云峰，冠云峰整体庭院落都尽收眼底

冠云楼——冠云峰

此视角冠云峰较为突兀，游人可观赏冠云峰的整体形态与细节

浣云沼——冠云峰

此视角冠云峰与其他景物协调，可观赏冠云峰周边整体环境，冠云峰立于绿丛中显得十分典雅

林泉耆硕之馆——冠云峰

图 4.2-27 留园——从不同位置观赏冠云峰的视距视角分析图

俯视看水面

藕香榭

仰视看藕香榭

平视看假山

18 m 藕香榭——小沧浪

藕香榭——小沧浪

小沧浪

图 4.2-28 怡园——从同一位置不同视角赏景的视线分析图

第 3 节
空间中景的创造与欣赏

苏州各个古典园林在不同之中有个共同点,设计者和匠师们一致追求务必使游览者无论站在哪个点上,眼前总是一幅完美的图画。为了达到这个目的,他们讲究亭台轩榭的布局、讲究假山池沼的配合、讲究花草树木的映衬、讲究近景远景的层次①。关于苏州园林的布局特色,金学智先生有这样的评价:"苏州园林是自由布局的典型,突出地体现了庄子学派的自然理念。"四时得节,万物不伤,群生不夭"(《庄子·缮性》),又具有"澹然无极而众美从之"(《庄子·刻意》)的审美特色。在苏州园林里,景物参差错落,天机融畅,自然活泼,生意无尽,而建筑物的粉墙黛瓦,不但富于黑白文化的历史底蕴,而且抚慰人的眼目,安宁人的心灵,使人"见素抱朴""不欲以静"(《老子·十九章》)②。"

造景犹如画家绘画,有法而无定式。古典园林各种布局方式主要是力求达到"虽由人作,宛自天成"的意境。通过一系列艺术手法创造出高低错落、疏朗有致、充满节奏和韵味的园林景观。

3.1 对比与调和

对比就是指利用人的错觉来相互衬托的手法。错觉差异程度越大,对比

---

① 叶圣陶.苏州园林//叶圣陶散文集[M].北京:三联书店,1984.
② 金学智.中国园林美学[M].北京:中国建筑工业出版社,2006.

越强烈，越能突出各自特点。错觉差异程度越小，对比越弱，越能产生统一协调的效果。

园林空间虽然根据不同功能和景色进行不断的围合与分隔，但空间始终保持整体性。这就需要风格上保持一致，无论是构图还是构景元素的应用都以调和为主。但是这种调和并不是机械的、一味地统一，而是在统一中追求变化，在调和中追求对比。通过不断地对比与调和，使空间因变幻而生动，因调和而稳定。

对比与调和包含着形象、体量、方向、开合、明暗、虚实等多个方面。

3.1.1　形象对比

相同或相似的形象容易取得协调的效果。为了打破空间的单调感或者突出某一景物的形象，采用形象对比的方法。苏州古典园林由建筑组成不同空间，这些建筑平面形象相同或相似，以规整的方形为主，用相似的形象取得协调的效果；同时通过其他如圆形、扇形等形状的建筑以及高低大小等的变化，相互映衬，突出主体建筑。在建筑围合的庭院中多布局自然式水池，规整与自然的形象对比使水池的形象得到突出，同时自然式的水池又打破了空间的封闭感，柔媚的水体使生硬的建筑庭园空间活活泼泼起来。就是水池自身周边的形象也是相互对比衬托的，往往是一边的山石与另一边的建筑或者花木等形成对比。通过形象对比与调和，苏州园林中大小不同的院落几乎没有完全相同的形象（图4.3-1）。

3.1.2　体量对比

景物大小效果不是绝对的，而是相形之下比较而来。小空间中缩小景物尺寸，可使景物的体量与空间达到协调。如小桥流水，又如以"一勺代水，一拳代山"的设计，便是适应小园林空间的设计手法。园林造景，常在一定空间中，通过扩大景物比例，限制观赏距离等手法，巧妙地利用空间体量的对比，使景物体量产生增大的错觉，以小衬大，强调重点。苏州古典园林中常以置石为主景，并以一石代表一峰。为了使一石有一峰之感，除了石材要具有挺拔之美外，还常将置石放在小空间中，达到"以小见大"的艺术效果（图4.3-2）。

建筑
规则庭院
自然水体

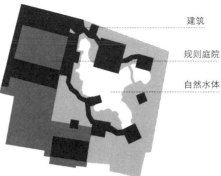

建筑

规则庭院

自然水体

狮子林自然要素与建筑形象对比与衬托

退思园自然要素与建筑形象对比与衬托

图4.3-1 狮子林和退思园平面形象对比与衬托

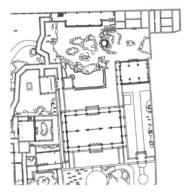

图4.3-2 以小空间衬托石峰，使冠云峰有冠云之感

3.1.3 方向对比

凡是具有长度的物体都具有方向性。通过景物水平与垂直的方向构图对比、行进方向的纵横变化，都可以改变游赏者的欣赏角度，从而增加赏景的情趣，打破空间的单调感。如园林中水面与俊俏的山石、曲折的游廊与生硬的围墙等都是方向对比的具体案例。拙政园西部补园由于历史上分园堵水筑

墙，造成基地狭窄、水面狭长的弊端，为了弱化这一弊端，在东边水面上设浮波廊，此廊跨水而建，凌水如波，曲折起伏的形象不仅打破了空间逼隘感，也使周围的景物可以从不同角度被反复欣赏。东南面叠石为山，上设宜两亭，不仅便于观赏中部和西部两边景色，更以其高耸的形象与其他水平展开的景物形成对比（图4.3-3）。

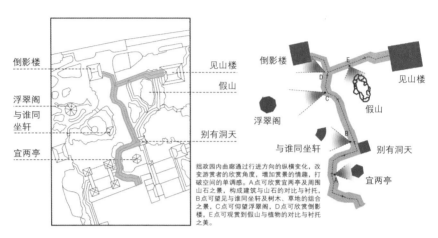

拙政园内曲廊通过行进方向的纵横变化，改变游赏者的欣赏角度，增加赏景的情趣，打破空间的单调感。A点可欣赏宜两亭及周围山石之景，构成建筑与山石的对比与衬托，B点可望见与谁同坐轩及树木、草地的组合之景，C点可仰望浮翠阁，D点可欣赏倒影楼，E点可观赏到假山与植物的对比与衬托之美。

A点　从曲廊看宜两亭

B点　从曲廊看与谁同坐轩

C点　从曲廊看浮翠阁

D点　从曲廊看倒影楼

图4.3-3　拙政园浮波廊与宜两亭的方向对比与衬托

3.1.4　开合对比

　　开放的空间给人心理比较开朗、愉快的感受，闭锁的空间给人心理比较压抑、幽静的感受。园林布局若想取得空间构图上的重点效果，形成某种兴趣中心，空间不能一味开放，也不能一味闭锁，通常的处理是采用若干大小空间纵横穿插布局，产生"庭院深深深几许"的效果，利用深深庭院"欲扬先抑"，衬托中央相对大的庭院，突出大庭院的明亮开敞和景致的丰富多彩。园林中，常常利用山石树林等围阻空间，造成"山重水复疑无路"的错觉，然后通过出其不意的"峰回路转"使空间豁然开朗，进入"柳暗花明又一村"的新天地。这样"一收一放"之间，产生强烈对比，使空间产生张弛有度的节奏与韵律感。开合对比在理水方面应用更是广泛，苏州古典园林非常讲究水的大小开合变化，不同大小、各种形状的水面变幻，互相对比，形成或喧闹、或幽静、或丰富、或单纯的景效（图4.3-4）。

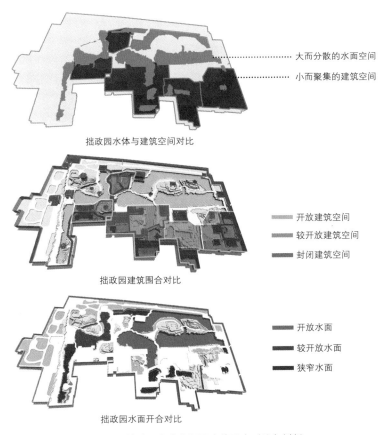

拙政园水体与建筑空间对比

　　　　　┈┈┈┈┈┈┈ 大而分散的水面空间
　　　　　┈┈┈┈┈┈┈ 小而聚集的建筑空间

拙政园建筑围合对比

　　　　　▬ 开放建筑空间
　　　　　▬ 较开放建筑空间
　　　　　▬ 封闭建筑空间

拙政园水面开合对比

　　　　　▬ 开放水面
　　　　　▬ 较开放水面
　　　　　▬ 狭窄水面

图4.3-4　拙政园大小空间及水体开合对比与衬托

3.1.5 明暗对比

光线的强弱产生明暗对比，可使空间变化和突出重点。明亮环境给人振奋开朗的感觉，幽暗的环境产生幽静柔和的效果。对比的手法多"以暗托明"，明的空间往往为艺术表现的重点或兴趣中心。苏州留园入口，既是方向对比与衬托又是明暗对比与衬托应用的佳例。入门先后经过几个封闭曲折的小天井，天井虽然漫长曲折，但却通过屋顶的设计，不断地利用光线的明暗变化，引导游赏，最后到达明亮开敞的主庭院（图4.3-5）。

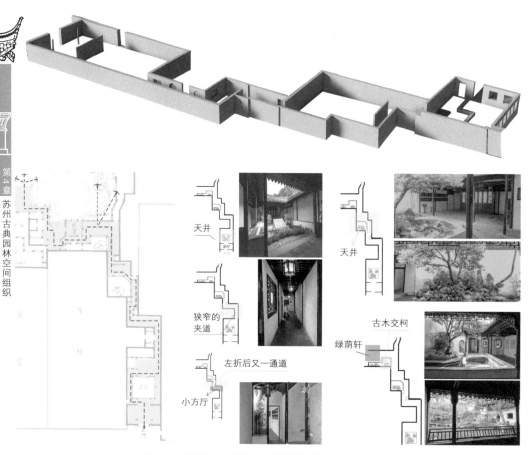

图4.3-5 留园入口行进方向的曲折变化及光线明暗对比

3.1.6 虚实对比

空间的明暗关系有时又表现出虚与实的关系。虚的物体，如水、云、雾、门、窗、洞等，给人以轻松、空灵、秀美等的感觉；而实的物体，如山、石、墙、建筑等，给人厚重、沉稳、拙朴的感觉。水中设岛屿、山巅上设小亭、墙上设漏窗景门等，都是借用明暗虚实的对比关系来突出艺术意境，达到趣味变化的目的（图4.3-6）。

3.1.7 色彩对比与调和

色彩是园林艺术意境中引人注目的重要因素。苏州古典园林中白粉墙、小青瓦、湖石等的组合，构成内敛、祥和、协调的居家氛围；而建筑梁枋上的彩绘以及院中四季变化的植物，在内敛、素雅的环境中得到对比与突出（图4.3-7）。

图4.3-6　环秀山庄过街楼墙与漏窗

曲溪楼夏景

曲溪楼冬景

图4.3-7　曲溪楼的色彩对比与调和

3.1.8 质感对比与调和

质感是对材料质地产生的感觉，粗糙的材料有稳重、厚实之感，细腻的材料有轻松、欢快之感。苏州古典园林中采用自然的材料，如木、石等，取得朴素之美。为了强调这种朴素的自然之感，有时假山蹬道与楼梯浑然一体，取得协调的美感；有时又在朴素中巧妙利用质感对比，如粉墙黛瓦、月洞门旁的水磨砖与粉墙，水边置石、建筑的硬直与植物的轻蔓等，产生相映成趣的效果（图4.3-8、图4.3-9）。

狮子林卧云室采用质感对比与衬托的手法，细腻的白粉墙与厚重的瓦片形成对比，木质柱与透明玻璃形成对比，墙面的硬直与挑檐的轻蔓形成对比，厚重与轻巧的衬托，相映成趣，使得卧云室建筑整体十分和谐

网师园白玉兰，花色与白粉墙相呼应，与蓝天和建筑灰色屋瓦形成对比，植物的质感在墙体的映衬下，更加有生机和活力

图4.3-8　狮子林卧云室质感对比与衬托　　　图4.3-9　网师园色彩、质感对比与调和

　　园林中各种对比的应用不是孤立的，往往既有大小体量的对比，同时又有色彩质感的对比，可能还有明暗开合虚实的对比等。不同空间的转换，通常利用曲幽与开朗的变化，使人有豁然开朗之感；同一景区更多用景物相互对比、相互衬托的手法。如以水池为主景的区域，利用池边的山石衬托水池开阔或曲折；以山石为主景的区域通常利用平静的池水衬托山石的峥嵘，在呈现"主次分明、小中见大"效果的同时也强调了主景所表达的特性。

3.2　比例与尺度

3.2.1　比例

指园林景物本身各个组成部分之间以及空间的组成要素之间的空间、体形、体量的大小关系。

　　园林中，不仅单个元素本身各部分之间存在着比例关系，而且空间之间的大小、景物之间的组合也都存在着比例关系。空间及景物的关系受底面构图的控制，所以《园冶·相地》中对各类用地有一定的比例要求，一般是水面占总面积30%，山地占28%。即"约十亩之基，须开池者三……余七分之地，为垒土得四"。比例合适与否，受人们主观审美要求的影响，产生美感的比例关系就是合适的（图4.3-10）。

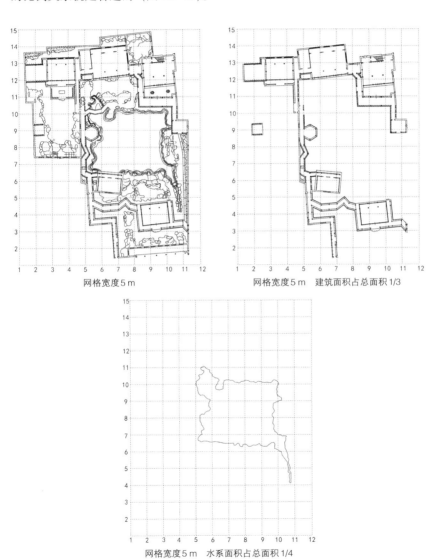

网格宽度5m

网格宽度5m　建筑面积占总面积1/3

网格宽度5m　水系面积占总面积1/4

图4.3-10　网师园山水景观区各类用地比例

黄金比例从古希腊以来，就被认为是美的典范，对美的认知是没有国界的。尽管苏州古典园林中造园要素多样，建筑形式没有一成不变的定式，但有学者应用西方美学理论对其进行评价，竟然发现园林中也存在暗合这种形式美的法则（图4.3-11~图4.3-13）。

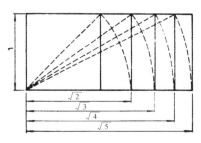

图4.3-11　根矩形（资料来源：（日）小形研三.园林设计——造园意匠论[M].索靖之译.
北京：中国建筑工业出版社，1984.）

3.2.2　尺度

一般指园林景物与人的身高及使用活动空间的度量关系。要想取得理想的尺度，就要处处考虑到人的使用尺度、习惯，以及尺度与环境的关系。不同的艺术意境尺度感有所不同，采用正常尺度可以取得自然亲切的效果；但是为了取得轻巧多趣的意图，造园时往往会采用缩小尺寸的方法，如月洞门、半亭、小水面上的桥等（图4.3-14、图4.3-15）。

3.3　比拟与联想

优美的景色、幽深的境界、情与景的交融，都是苏州古典园林的特点。景的设计往往不是单纯为赏景而设景，而是为表达某种情感而设景。用比拟、联想的手法可使人见景生情，把思维扩大到比园景更广阔的境界中去，达到诗情画意写入园林的境界。

3.3.1　以小见大

中国古典园林尤其善用精炼浓缩的手法，将自然优美的景观组织到不大的园林中，通过摹拟自然、浓缩自然，使一石有一峰之感，散石有平岗山峦之韵，一勺有"江湖万里"的感受，几株树木的组合便创造出"咫尺山林"的气氛（图4.3-16）。

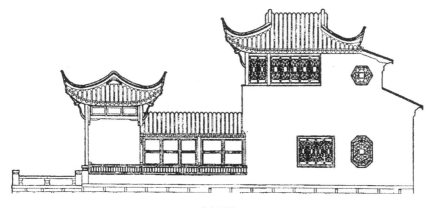

北立面图

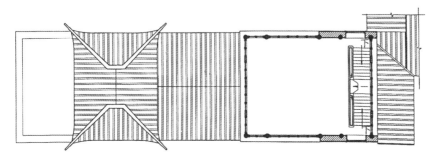

平面图

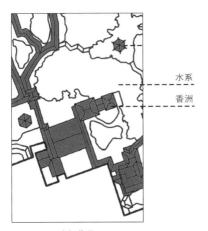

水系

香洲

空间位置

实景图

图4.3-12　香洲平、立面、空间位置及实景图

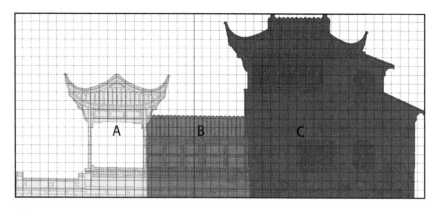

高度A：B：C=3：2：4，

整体高度和谐，A与B之间过度柔和，关系和谐，C与B之间高度落差大，增加体量的冲突感，但C形式上结合A的翘角与B的规则式屋檐，并在末尾高差逐级减落，使香洲整体形式统一而垂直方向具有丰富变化

宽度A：B：C=1：1：2，

C的宽度接近A，B之和，A与B宽度基本相同，使A与B感觉上更加统一，但由于A的翘角与镂空的形式，使A显得更加轻盈，而B现得更加沉稳，避免了形式上过于呆板，且C打破规则的对称形式，避免了高度和宽度相近而产生的笨重之感，使比例尺度更加和谐

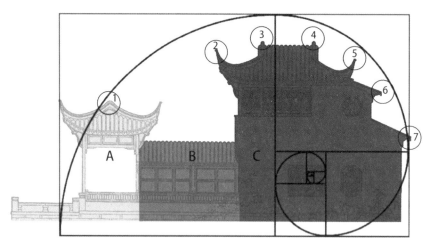

借助黄金分割矩形分析可见，香洲整体符合其比例。

整体上，香洲屋檐翘角多处落在或接近黄金分割曲线，其分布疏密有致，如图中圆圈所示，使香洲整体轮廓具有均衡而活泼的韵律感；

横向上C与B的转折部分接近黄金分割位置，使横向构图更富美感；

竖向上，在黄金比例分割7处，香洲C部分做了最后一级斜向下落，使7以下的部分垂直落地，7以上的部分统合成分级下落的整体，两个部分之间的对比符合黄金分割比例，构图和谐

图4.3-13　香洲黄金比例分析

图4.3-14　网师园小拱桥　　　　　　图4.3-15　艺圃小门洞

留园又一村

网师园假山

图4.3-16　以小见大范例

3.3.2　植物的运用

运用植物的特征、姿态、色彩给人以视觉、听觉、嗅觉作用，使人产生联想也是苏州古典园林精妙之法。中国植物极其丰富，许多植物具有独特的文化寓意。如"岁寒三友"松竹梅分别代表坚强不屈、纯洁清雅、刚直不阿；梅兰竹菊"四君子"分别具有不畏严寒、高风脱俗、虚心有节、傲霜而放的气节；荷代表廉洁朴素，出淤泥而不染。

苏州古典园林常通过植物的应用来寄寓主人的情操。如网师园的看松读画轩，轩南太湖石花台内有树龄八百年的古松、古柏。"看松读画"即指欣赏具象的松柏和轩内的国画，同时轩外如诗如画的立体风景也是欣赏和品味的内容，通过古朴遒劲的松柏，使人联想，将诗、书、画、景融为整体（图4.3-17）。

3.3.3 命名、题咏、楹联

命名、题咏、楹联等在园林中可起画龙点睛、揭示景物立意的作用。在古代造园家的眼中，生活与艺术、艺术与自然没有明确的界限。正因为有这样的思想，所以创造了"虽由人作，宛自天开"的古典园林，园林中处处可见的命名、题咏、楹联也正是古代造园家表达艺术与思想的方法。含意深、兴味浓、意境高的命名、题咏、楹联等蕴含着中国传统思想文化，其表意功能可触发联想，产生画外有画、景外有景的效果。如耦园的耦字，释意为两个人在一起耕地；园中对联"耦园住佳偶，城曲筑诗城"反映出夫妻恩爱的诗意生活。又如拙政园的与谁同坐轩，反映出只与清风明月为伴的清高追求（图4.3-18、图4.3-19）。

图4.3-17　网师园看松读画轩

图4.3-18　耦园枕波轩

图4.3-19　拙政园与谁同坐轩

142

3.4 主景与配景

景无论大小都有主景与配景之分。在空间中起控制作用的景是主景，衬托主景的景是配景。主景是全园或局部空间构图重心，表现主要的使用功能或主题，是视线控制的焦点；配景起陪衬和烘托的作用，可使主景突出。主景与配景是相得益彰的，在同一空间范围内，许多位置、角度都可以欣赏主景，而处在主景之中，此空间范围内的配景，也会成为欣赏的对象。

主景是整个园林的核心、重点，为了使主景形象突出，主景空间位置通常如下布置：

（1）地势高处

将主景置于地势高处，升高主景。以蓝天白云或单纯植物作背景，突出主体的造型和轮廓。如沧浪亭中沧浪亭、拙政园中雪香云蔚、待霜亭等，都是将体量不大的建筑置于假山之上，因背景单纯而使建筑得以突出（图4.3-20、图4.3-21）。

（2）朝向面阳

将景物置于阳面，植物生长好，各景物富有生气、生动活泼。从图4.2-1~图4.2-7这些列入"世界文化遗产"的园林中可以看出，园中主要的建筑或主要的风景都朝向面阳。其间的景物在光影的作用下层次更加丰富，细节的变化更容易被观察。

（3）动势向心或空间构图处于重心处

四周环抱的空间中，水面、广场、庭院等往往具有向心的动势，成为视线焦点。在不规整的空间中存在一个均衡的构图重心点，将主景布置在构图的动势向心或者重心处，更容易吸引注意力（图4.3-22、图4.3-23）。

（4）空间开合变化处布置主景

通过开合变化，使空间张弛有度，富有节奏感和韵律感。空间开合变化处布置主景，可使主景因游览节奏的变化而吸引注意力。在开敞的空间中突然收缩空间，能使人收回思绪，集中注意力欣赏空间中的景致，如拙政园中部开阔的水景到海棠春坞、小飞虹等处的处理。或者封闭的空间中突然出现放开空间，如留园入口的曲折闭锁到中部山水景观区的豁然开朗，将主景布置在空间开合变化处，由次要景物跳跃到主景，因变化而引人入胜。

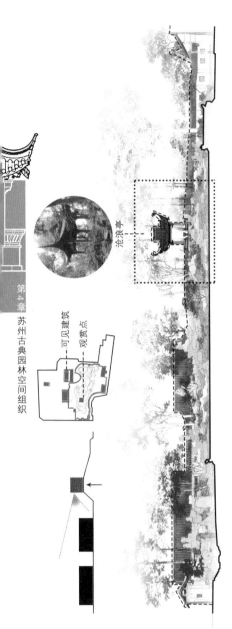

沧浪亭作为整个园林的核心景观，其运用主景升高的造景手法，位于园林空间中假山的顶端，可俯瞰四周建筑的顶面，观察其屋瓦细部构造，又可远眺，观赏远处辽阔之景。

图 4.3-20　主景升高范例沧浪亭

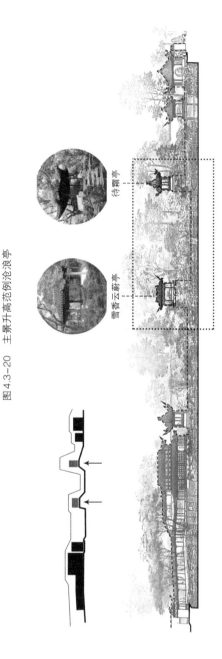

雪香云蔚亭与待霜亭处于拙政园水体景观的核心位置，其所在地势较高，打破了由于水体面积大造成的过于空旷之感，在垂直方向上营造了多样的竖向变化，突出其主景位置；除此之外，两亭的形状也不同，升高其位置能更好地体现其轮廓线。

图 4.3-21　主景升高范例拙政园雪香云蔚亭与待霜亭

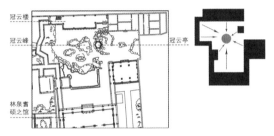

留园动势向心

看松读画轩

竹外一枝轩
射鸭廊

月到风来亭

彩霞池

濯缨水阁

黄石假山
小山丛桂轩

网师园动势向心

图4.3-22 动势向心分析

延光阁
水池
响月廊
渡春桥

爱莲窝

乳鱼亭
思嗜阁
乳鱼桥
朝爽亭

艺圃动势向心

假山位于沧浪亭庭院景观的
构图中心，空间占比较大，
体量突出

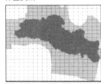

沧浪亭位于假山主景观的黄
金分割比例位置，构图均衡

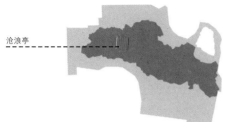

假山面积占所示庭院面积的40.5%　1. 黄金分割椭圆

假山位于拙政园中部景观的
均衡中心位置

荷风四面亭接近水体景观的黄金
分割比例位置

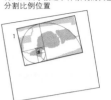

黄金分割比≈0.618
AB/AC≈0.590
CD/CE≈0.674

1. 黄金分割椭圆

沧浪亭 ----------

待霜亭 ----------
雪香云蔚亭 ----------
荷风四面亭 ----------

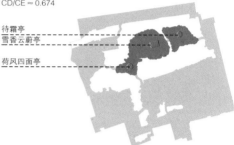

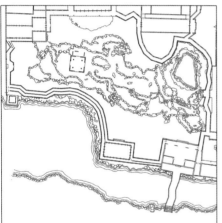

沧浪亭空间构图重心

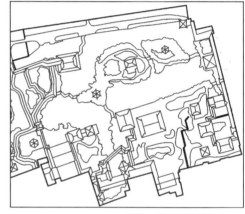

拙政园空间构图重心

图 4.3-23　空间构图重心分析

（5）形成主景与配景的转化

需要说明的是主景与配景是相对的不是绝对的。在某一个空间中作为主景的景可能是另一个空间或另一个观赏点的配景。主景与配景本身就是"主次对比"的一种对比表现形式。

3.5　对景

位于轴线及风景视线端点的景叫对景。苏州古典园林通常在重要的观赏

146

第4章　苏州古典园林空间组织

点有意识地组织景物，随着曲折的园径，移步易景，依次展开，形成各种对景。对景是相对的，园内的建筑物既是观赏点，又是被观赏对象，因此往往互为对景，形成错综复杂的交叉对象。如留园中的明瑟楼和曲廊就是互为对景——明瑟楼是观赏曲廊的绝佳地点，同时曲廊也是欣赏明瑟楼的最佳角度。在曲廊和明瑟楼的游览路线上，周围的景色都是随之而展开的，真正达到了移步换景的效果。又如拙政园的荷风四面亭与倚玉轩、雪香云蔚亭与待霜亭等景观，都是对景手法运用的典范（图4.3-24、图4.3-25）。

3.6 分景

分景就是以山水、植物、建筑及小品等在某种程度上隔断视线或通道，造成园中有园、景中有景、岛中有岛的境界。水必曲，园必隔，小园要分隔它的空间，景观要丰富它的层次。空间的分隔以及景致的分隔，使园林尽曲尽幽，游者因不知其尽端而觉其大。这就是园林越拆越小，越隔越大的道理。

分景使园景虚实变换，丰富多彩，引人入胜。分景依功能与景观效果的不同，有障景、隔景两种。

3.6.1 障景

障景就是运用山石、植物、建筑等来抑制视线、引导空间、屏障景物，使游赏变得含蓄而有韵味的手法。障景使人在进入大的风景区之前，有审美酝酿阶段和一个想象的空间，容易激起人们探索览胜的兴趣，是园林中常用的欲扬先抑的手法之一。障景是能突显出欲扬先抑、欲露先藏的艺术手法，起着抑制视线且又屏障道路转折的作用，多用于景观入口或空间序列的转折引导处。苏州古典园林入口处障景，有山石、植物、景墙等多种表现方式，是最常见的处理手法。如狮子林中的问梅阁，在曲桥上观看问梅阁时，植物和假山挡住部分视线，但同时问梅阁的翘檐又展露出来，吸引游人的视线。这种欲扬先抑的表现手法，创造了"犹抱琵琶半遮面"的空间意境，也体现了苏州古典园林深渊含蓄、沉稳内敛的设计风格（图4.3-26）。

3.6.2 隔景

一个大的空间，如不加分隔，就不会有层次变化，但完全隔绝也就失去

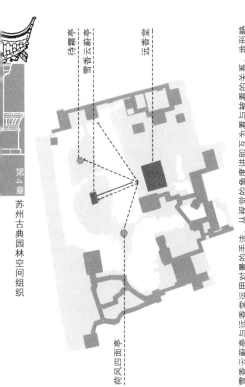

待霜亭
雪香云蔚亭
远香堂
荷风四面亭

雪香云蔚亭与远香堂运用对景的手法，从视觉的角度讲即为看与被看的关系，地形的高处的雪香云蔚亭透过山石、树木可俯视远香堂，远香堂透过宽敞的前平台、开阔的水面仰视雪香云蔚亭，互相作为观赏的对象而存在，二者位置同时也是去欣赏对方的合适的观赏角度和位置

雪香云蔚亭作为观赏点，远香堂作为观赏对象
远香堂作为观赏点，雪香云蔚亭作为观赏对象

远香堂
雪香云蔚亭

图4.3-24 对景范例拙政园

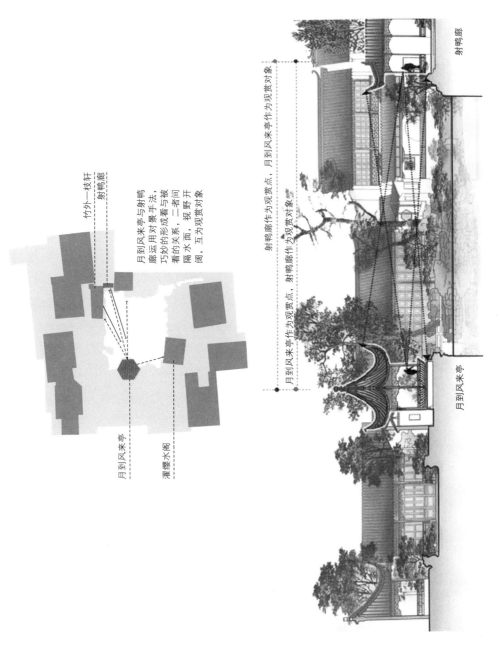

图4.3-25 对景范例网师园

射鸭廊

竹外一枝轩
射鸭廊

月到风来亭与射鸭
廊运用对景手法，
巧妙的形成看与被
看的关系，二者间
隔水面，视野开
阔，互为观赏对象

射鸭廊作为观赏点，月到风来亭作为观赏对象

射鸭廊作为观赏点，射鸭廊作为观赏对象

月到风来亭作为观赏点，射鸭廊作为观赏对象

月到风来亭

月到风来亭

濯缨水阁

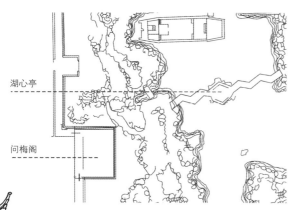

湖心亭

问梅阁

图4.3-26　障景范例——狮子林问梅阁

了渗透。只有在分隔之后又使之有适当的连通，才能使人的视线能从一个空间穿透到另一个空间，从而使两个空间互相渗透，显现出空间的层次变化，达到分而不隔的效果，这就是隔景。

　　隔景有实隔、虚隔和虚实并用等处理方式。高于人眼高度的石墙、山石、林木、构筑物、地形等的分隔为实隔，有完全阻隔视线、限制通过、加强私密性和强化空间领域的作用；被分隔的空间景色独立性强，彼此可无直接联系。而漏窗洞穴、空廊花架、花格隔断、稀疏的林木等分隔方式为虚隔。此时人的活动受到一定限制，但视线可穿透一部分相邻空间景色，有相互流通和补充的延伸感，能给人以向往、探求和期待的意趣。在多数场合中，采用虚实并用的隔景手法，可获得景色情趣多变的景观感受（图4.3-27~图4.3-29）。

3.7　前景

　　前景就是在园林立体画面构图前采用框景、夹景、漏景和添景等处理方法，使园林立体画面艺术感更强、层次感更多的造景方法。

3.7.1　框景

　　框景就是利用门、窗、树、山洞等有选择地摄取空间中优美的景色，并把不要的遮住。框景由漂亮的镜框（门、窗、树、山洞等）和立体的风景组成。所以园林中作为框景之用的镜框的设计往往十分精美（图4.3-30）。"门

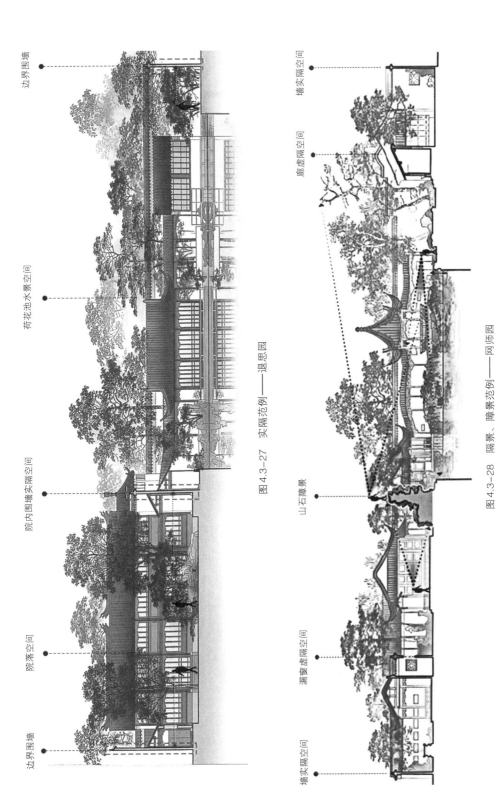

边界围墙

荷花池水景空间

院内围墙实隔空间

院落空间

边界围墙

图 4.3-27 实隔范例——退思园

墙实隔空间

廊虚隔空间

山石障景

漏窗虚隔空间

墙实隔空间

图 4.3-28 隔景、障景范例——网师园

虚隔范例——拙政园小飞虹　　　　　虚隔范例——网师园曲廊

图4.3-29　虚隔实景图

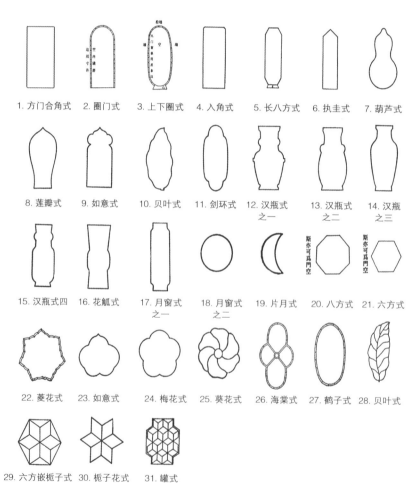

图4.3-30　框景花窗样式

窗磨空，制式时裁，不惟屋宇翻新，斯谓林园遵雅。工精虽专瓦作，调度犹在得人，触景生情，含情多致，轻纱环碧，弱柳窥青。伟石迎人，别有一壶天地；修篁弄影，疑来隔水笙簧。佳境宜收，俗尘安到。"《园冶》这段话，阐述了框景的艺术效果。除了镜框外，框景务必设计好入框之景，观赏点与景框应保持适当距离，使视中线落在景框中心，视距等于两倍框直径。框景可用于墙、长廊、小亭等，使一个普通的风景变得引人入胜。如在拙政园中水廊的廊檐与廊柱将"与谁同坐轩"及其周围的景色框于画内，以简洁的景框将美景置于画面之中，形成景观的高潮部分，给人以强烈的视觉冲击和深刻的印象。除此以外，狮子林的海棠门洞、留园的华步小筑等，都是框景手法的较好体现（图4.3-31）。

框景范例——艺圃门洞

框景范例——网师园射鸭廊

图4.3-31 框景实景图

3.7.2 漏景

漏景是由框景进一步发展而来，是指借助院墙或廊壁上的花窗、树枝、花格等产生似隔非隔、若隐若现的效果，使景物产生一种朦胧美的手法，强调了中国古典园林的含蓄美。

苏州古典园林中，在围墙及廊的侧墙上，常开造型各异的漏窗来透视园内的景物，使景物时隐时现，造成"犹抱琵琶半遮面"的含蓄意境。漏景的构成可以通过窗景、花墙、通透隔断、石峰疏林等造景要素来实现。疏透处的景物构设，既要考虑视点的静态观赏，又要考虑移动视点的漏景效果，以丰富景色的闪烁变幻情趣。

漏景也起到引景的作用，通过围墙上的漏窗看到园中景色便欲入园游赏，于是沿墙找到大门而入。运用漏景的典范当属沧浪亭，内有108种式漏窗，图案花纹变化多端，无一雷同，构作精巧，是集苏州古典园林花窗之大成（图4.3-32）。

沧浪亭复廊上开设漏窗，增加了墙面的明快和灵巧效果，又有通风采光的功能，一举两得，漏窗本身有景，窗内外之境又互为借用，隔墙花草树木，透过漏窗，或隐约可见，或明朗入目，移步换景，画面变化多端，目不暇接。

图4.3-32　沧浪亭复廊花窗漏景

3.7.3　夹景

夹景是为突出理想景色，常用左右两侧的树木、树干、土山等形成屏障，在所形成的狭长空间端点布置主景。夹景是一种带有控制性的构景方式，主要运用透视消失与对景的构图处理方法，在游人活动路线两侧构设抑制视线和引导行进方向的景物，将其视线和注意力引向目标景物方向，展示其优美的对象（图4.3-33）。

补秋山房
边楼
问泉亭
假山

图4.3-33　环秀山庄夹景分析

3.7.4　添景

添景是在主景前平淡的地方添置花草、山石、小品等，使主景层次更加丰富、园景更加完美的手法。园中的拱桥、平桥、廊桥、曲桥，不仅有交通的功能，更可增添园中景色，在视觉上起到丰富空间的作用。此外，窗前檐下的枝叶、墙角花坛、径旁置石、门边修竹等都可起到添景作用，使空间景观更丰富（图4.3-34、图4.3-35）。

3.8　借景

"夫借景，林园之最要者也。"借景是非常重要的造景方法，在《园冶》开篇"兴造论"中多次提到。所谓借景，就是根据造景的需要，通过视点和视线的巧妙组织，把空间之外的景物纳入观赏视线之中，借以扩展有限范围内的无限空间感的方法。

根据具体场景和环境的不同，用不同的借景方式来构造空间环境，给人以视觉享受，从而满足人们对自然美的认识、理解并可寄托情感。

借景是一种"小中见大"，将园外景色组织到园内来，使之成为园景一部分的空间处理手法。借景是使园林有"象外之象""景外之景"的最有效方法，可扩大园林的空间观感，把周围环境的自然信息纳入园内。《园冶》

无桥划分，水系空间感弱　　以桥做添景，水系形成大小空间对比，并形成不同观赏面

无桥划分，水面空旷，景观层次单调　　添景多处桥，形成丰富景观层次

图4.3-34　添景分析图

添景范例——狮子林湖心亭与平桥　　添景范例——艺圃石桥

添景范例——环秀山庄山石、植物　　添景范例——网师园曲桥

图4.3-35　添景实景图

云："园林巧于'因''借'，精在'体''宜'……"，"俗则屏之，嘉则收之"。借景要达到"精""巧"的要求，使借来的景色同本园的环境融洽，园内园外浑然一体。

借景可分为远借、邻借、仰借、俯借和因时因地而借等多种方式。苏州古城风光秀美、古迹众多，而私家园林面积有限，通过"巧于因借"使"近水远山皆有情"。园外的秀美风光、名胜古迹都可成为园中景致组景，巧妙地扩大了园林空间感、加深了景观深度感。

"俗则屏之，嘉者收之"是借景的原则。如拙政园中部水面保持开阔，从梧竹幽居到园西千米之外的北寺塔构成一条连贯的风景视线，巧妙地将北寺塔借入园林，这种把园外远处景物收入园内的方法就是远借（图4.3-36）。

"园虽别内外，得景则无拘远近"，除了借园外远处只景，周围邻近景色也可组织进园林来，无论是亭、阁、山水、花木、塔庙，只要能够利用成景者都可借景，这就是邻借。

沧浪亭园内几乎无水，但北门紧邻城市水系。造园者巧妙利用这一条件，沿水边布局观鱼处、复廊、面水轩、大门等，大门建筑外一座曲桥横卧水面，将水面两侧沟通，水面另一边有"沧浪胜迹"石坊。沧浪亭入口通过观鱼处、复廊、面水轩开敞建筑、石桥、石坊将园外水景组织到园中，城市水系成了该园的有机部分，这是邻借的一个佳例[1]（图4.3-37）。

在空间组织时，底面、垂直面、顶面等不断变化，观赏路径和视点也高低变化，这样就可利用仰视借高处之景物形成仰借，或者居高临下俯视低处景物，形成俯借。拙政园绣绮亭、宜两亭，狮子林问梅阁，留园中冠云楼等，都是利用视角变化，仰借或俯借的赏景点。

借景的手法多样。可以因时因地而借，借一年四季不同季节的观赏景物。如春借桃红柳绿，夏借荷塘莲香，秋借枫叶菊峥，冬借傲霜飞雪等。借景时文字的引导可以使人产生联系，脑海中的景象就成了可借之景。留园中有"佳晴喜雨快雪亭"，拙政园有"雪香云蔚亭"，一亭之内便可感受各种气候。而耦园园外三面邻水，在园林东南一角设"听橹楼"，"听橹"两字，不仅将园外静态水面景致引入园内，更将水面上动态的场景引入了园内。

---

[1] 由于城市人口增加河道一侧道路空间挤促，目前石坊已移至三元坊河流一端，原有意境略有破坏。

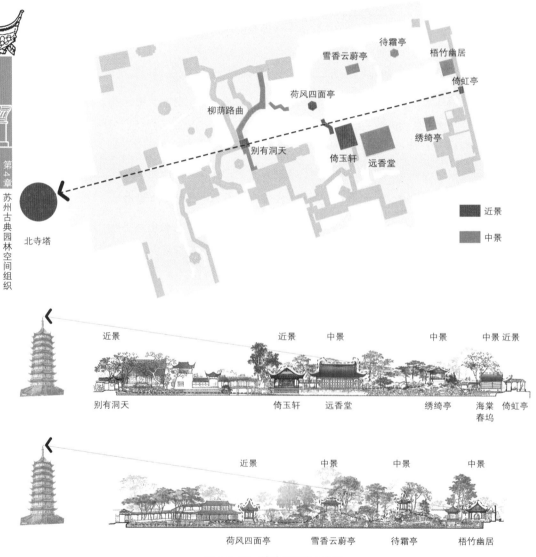

待霜亭

雪香云蔚亭　　　　梧竹幽居

倚虹亭

荷风四面亭

柳荫路曲

别有洞天

绣绮亭

倚玉轩　远香堂

北寺塔

近景

中景

近景　　　　　　　近景　中景　　　　　　中景　　中景 近景

别有洞天　　　　　　倚玉轩　远香堂　　　　　绣绮亭　海棠　倚虹亭
　　　　　　　　　　　　　　　　　　　　　　　　　　春坞

近景　　　　中景　　　　中景　　　　中景

荷风四面亭　　　雪香云蔚亭　　待霜亭　　梧竹幽居

图4.3-36　拙政园远借北寺塔

观景面将园外的水系邻借于园内

图4.3-37　沧浪亭邻借园外水系

3.9　点景

点景是利用匾额、对联、石碑等将景物的特点作高度形象概括的方法，是苏州古典园林中重要的造景手法。其意义在于情景交融，本于物质景观，又促成内心感悟，从而产生意境的作用，在园林中有画龙点睛的作用。

如沧浪亭上的"清风明月本无价，近水远山皆有情"，将园主人寄情山水的感情表达得更加深远，超出风景本身。又如艺圃乳鱼亭亭柱上的"池中暗香渡，亭外徐风来"，配以水光山色，使景色更加惬意宜人（图4.3-38、图4.3-39）。

图4.3-38　沧浪亭上对联

图4.3-39　艺圃明代遗构乳鱼亭

列入《世界遗产名录》的九个苏州古典园林

苏州古典园林的历史绵延两千余年，其盛名享誉海内外，在世界造园史上有独特的地位和价值；其用写意山水的高超手法和浓厚的传统思想文化内涵展示了东方文明的造园艺术，实为中华民族的艺术瑰宝。

苏州现有九个园林被列入《世界遗产名录》。其中，拙政园、留园、网师园和环秀山庄在1997年入选；沧浪亭、狮子林、艺圃、耦园和退思园于2000年入选。世界遗产委员会给予这样的高度评价："没有任何地方比历史名城苏州的九大园林更能体现中国古典园林设计'咫尺之内再造乾坤'的思想。苏州园林被公认是实现这一设计思想的杰作。这些建造于11世纪至19世纪的园林，以其精雕细琢的设计，折射出中国文化取法自然而又超越自然的深邃意境。"

第 1 节

拙政园——看花寻径远，
听鸟入林深

1.1 基本概况

拙政园始建于明正德四年（1509年），是明代弘治进士、御史王献臣宦途失落弃官回乡后，在唐代陆龟蒙宅地和元代大弘寺旧址处拓建的，取晋代文学家潘岳《闲居赋》中"筑室种树，逍遥自得……灌园鬻蔬，以供朝夕之膳……此亦拙者之为政也"句意，将此园命名为拙政园，暗喻把浇园种菜作为自己（拙者）的"政"事，表明其归隐之心。在建园之期，王献臣曾请吴门画派的代表人物文徵明设计蓝图，形成以水为主、疏朗平淡、近乎自然风景的园林。拙政园面积约78亩（约5.2 hm²），自其建成四百多年来，屡换园主，曾一分为三，园名各异，或为私园，或为官府，或散为民居，直到20世纪50年代，才完璧合一，恢复初名"拙政园"。

1.2 空间布局

拙政园的住宅部分，现为苏州园林博物馆；园林空间部分，则主要由文化活动区和山水景观区组成。山水景观区规模极大，水面曲折变化，构成园林空间主体。文化活动区由几个主题庭院组成，围绕水系错落布局，并与水面分隔联系（图5.1-1、图5.1-2）。总体分为东园、中园和西园三部分，景观由东园的开阔疏朗向西逐渐丰富，其最精彩且吸引人的景色集中于中园与西园（图5.1-3）。作为苏州最大的私家园林，拙政园景观丰富却不繁杂，整

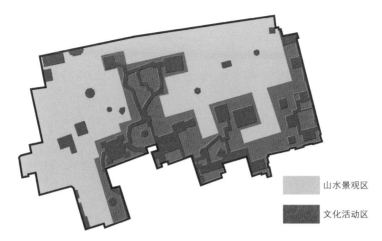

	山水景观区
	文化活动区

图5.1-1　拙政园功能分区

	枇杷园空间
	中部建筑核心空间
	卅六鸳鸯馆空间
	见山楼空间

图5.1-2　拙政园空间划分

体采用自然式布局，借助园内大范围积水，通过疏浚形成东聚、西分的水面空间，再通过掇山叠石形成不同的竖向变化，与水体共同构成整体的园林底面。园林建筑的立面结合墙垣、山石将空间分隔，又通过廊柱、花窗极力塑造漏景，共同构成虚实结合的垂直面；建筑结合不同形制的飞檐、翘角，在竖向上随地形与建筑高度起伏，构成了整体园林活跃的顶面空间。（图5.1-4）

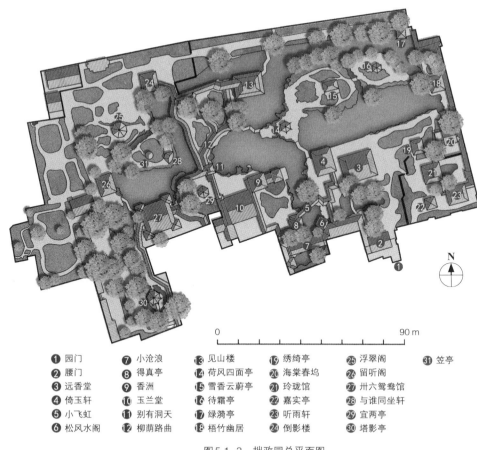

❶ 园门	❼ 小沧浪	⓭ 见山楼	⓳ 绣绮亭	㉕ 浮翠阁	㉛ 笠亭
❷ 腰门	❽ 得真亭	⓮ 荷风四面亭	⓴ 海棠春坞	㉖ 留听阁	
❸ 远香堂	❾ 香洲	⓯ 雪香云蔚亭	㉑ 玲珑馆	㉗ 卅六鸳鸯馆	
❹ 倚玉轩	❿ 玉兰堂	⓰ 待霜亭	㉒ 嘉实亭	㉘ 与谁同坐轩	
❺ 小飞虹	⓫ 别有洞天	⓱ 绿漪亭	㉓ 听雨轩	㉙ 宜两亭	
❻ 松风水阁	⓬ 柳荫路曲	⓲ 梧竹幽居	㉔ 倒影楼	㉚ 塔影亭	

图5.1-3 拙政园总平面图

1.3 造景手法

1.3.1 轴线关系

拙政园建筑布局具有明显的景观轴线关系（图5.1-5、图5.1-6）。建筑间用墙或廊相互连接，加大建筑集群的整体感；且无论是建筑集群或者单体建筑，都受到轴线的控制；并利用对景、漏景、借景的手法在轴线上丰富层次。规则式的建筑形制采用灵活的布局，与自然式底面产生了对比与调和，增加了整体感却不失个性。

在众多轴线中，南北向以图5.1-5中的2'-2'轴线较为突出。2'-2'轴线的南端是住宅区进入山水景观区的入口，进入入口之后一座黄石假山，采用障景的手法"欲扬先抑"；穿行而过便见远香堂。远香堂内部无柱结构，整体通

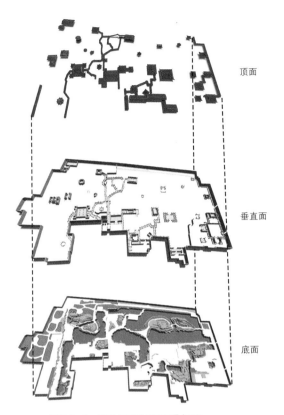

图5.1-4 拙政园空间界面叠加图

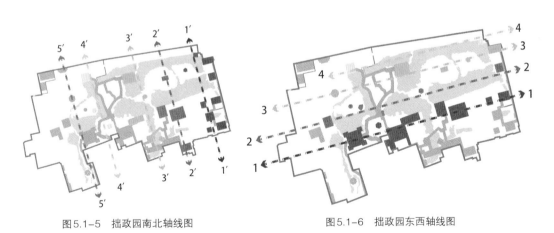

图5.1-5 拙政园南北轴线图　　　　　　图5.1-6 拙政园东西轴线图

透灵动，进入其中视线开阔，与黄石假山南的景观对比鲜明；堂北为自然山
水景色，一山一亭与其隔水相对；山上树木繁多，端庄古朴的雪香云蔚亭融
于山水之中。山水虽大但显雅致，整体形成假山（幽静）-远香堂（空灵）-

水面（开阔）－叠山（葱郁）－雪香云蔚亭（古朴）的景观轴线。

东西向上，以图5.1-6中的2-2轴线景观效果最为深远。拙政园利用自身园林东西向较大的特点，自东园通过倚虹亭进入中园，从梧竹幽居向西望去，视线无任何阻隔，可直抵中园的西界别有洞天。各建筑分布于2-2轴线两侧，亲疏各有不同。一条水脉作为整个视野的基底，两侧建筑在绿荫中若隐若现，使园林空间显得疏朗而清净；更加远处，拙政园远借北寺塔作为整个视野背景的焦点。北寺塔虽突出于蓝色天空之中，但由于其距离较远并无突兀之感，使本就面积较大的园林更增悠远之意（图5.1-7）。

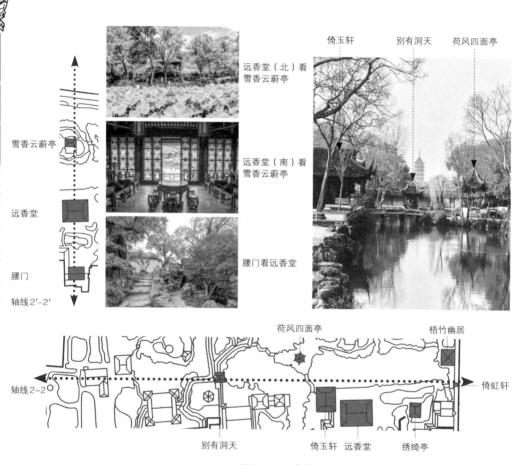

图5.1-7 拙政园轴线景观

1.3.2　园林空间

拙政园园林空间为典型的复合式。在整体的山水环境中，拙政园由园墙、建筑立面或借用山石围合或半围合出多个主题空间。主题空间与自然的山水环境相互对比衬托，形成旷奥有秩的景观。

主题空间主要有枇杷园、中部核心建筑集群、见山楼空间和卅六鸳鸯馆建筑空间等。每个大空间又嵌套有子空间，具有多种层次。各个空间虽有分割，但各个空间通过视线，使景观元素相互渗透相互联系。

枇杷园空间位于中园东南部（图5.1-8），一道波浪形云墙将其与主要建筑群隔开，内部形成观枇杷硕果的嘉实亭空间、以雨打芭蕉为主题的听雨轩空间和观春景的海棠春坞空间，整体以静谧为特点；但由于绣绮亭及其下方山体的存在，园内在此可朝整个景区眺望，整个园林的气质与外界山水混为一体，而听雨轩的一潭静水则与整个园林中的水元素相互联系。

中部建筑集群空间与枇杷园相连，不同于枇杷园的含蓄，此建筑群立面往往都向水面展开，视线通透，东侧以远香堂为主，通过2′-2′轴线与山水空间相互渗透。建筑群西侧由香洲、玉兰堂、得真亭、小飞虹和倚玉轩等建筑及其连廊半围合而成（图5.1-9），面向山水空间开口，借助山水景观区山水的走势造景。子空间多以水脉贯穿，在划分空间的同时，使山水宛如无尽。在此处小飞虹以廊桥的形式跨于水中，与后面的松风亭、远处的见山楼形成

视点1　　　　　　　视点2

视点3　　　　　　　视点4

绣绮亭
海棠春坞
玲珑馆
听雨轩
嘉实亭

图5.1-8　枇杷园空间

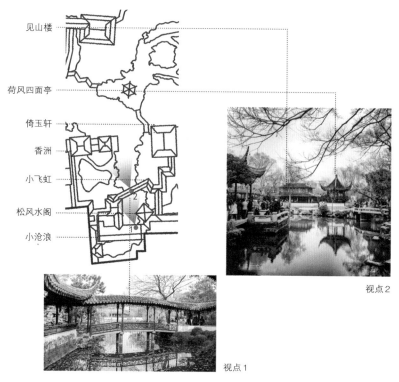

见山楼

荷风四面亭

倚玉轩

香洲

小飞虹

松风水阁

小沧浪

视点2

视点1

图5.1-9　拙政园建筑群空间

观景轴线，即图5.1-5中的轴线3′-3′。该轴线的长度基本与园林纵向长度相同，充分利用了大园林的优势，使空间的层次感得到增强。

见山楼空间以见山楼为主体（图5.1-10），配合长廊形成空间，并巧妙地形成了东西园的分界线。回廊利用山体走势组成双层廊连接藕香榭与见山楼，丰富了竖向空间。此处巧利用方向对比与调和——游廊北望可观景观幽静、水体纤细，向西透过花窗可窥见西园丰富的景色，向东南望则有山水开阔之感；登上见山楼则可以瞭望中园，并与小飞虹、绿漪亭等形成对景——尽用拙政园的长度与宽度，产生视觉对比。其次，此处又通过回廊子空间的营造，有精致典雅之感，与开阔景色形成了差别。

卅六鸳鸯馆空间位于西园（图5.1-11），与中园相邻，既有十八曼陀罗馆后幽静的小空间景色，又有卅六鸳鸯馆面向北侧水面较开阔景色，与浮翠阁与笠亭的叠山形成对景，是观赏全园的绝佳位置。此空间的东侧有以回廊围合的子空间，其中布置假山，顶端设置宜两亭，将中园景色邻借于空间之内，又可俯瞰西园，借西园宽度的纵深，对景倒影楼，打破空间分割的限制。

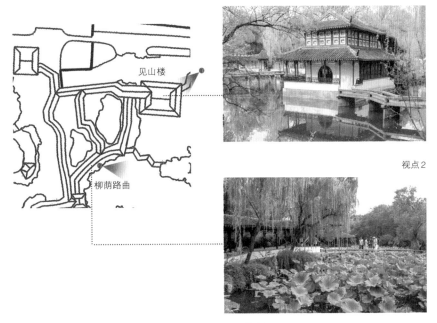

图5.1-10　见山楼空间

图5.1-11　卅六鸳鸯馆空间

第2节
留园——几处楼台画金碧，
个中花石幻灵奇

2.1 基本概况

留园位于苏州阊门外，现占地约50亩（约3.33 hm²），面积为苏州诸园之首。始建于明万历二十一年（1593年），由太仆寺少卿徐泰时所建，时称东园；清乾隆五十九年（1794年），为刘恕所得，进行重建；清嘉庆三年（1798年），经修建始成，因多植白皮松、梧竹，竹色清寒，波光澄碧，更名"寒碧山庄"，俗称"刘园"。清同治十二年（1873年）被常州人盛康购入进行修葺，至光绪二年（1876年）修缮完工，改其名为"留园"。1953年，苏州市人民政府决定修复留园，经过半年的修整，一代名园重现光彩。1954年，园林管理处成立，留园被誉为全国"四大名园"之一。

2.2 空间布局

留园园林总体上属于中部以水为主题，周边环以建筑的空间布局模式。著名书画家王西野撰的"几处楼台画金碧，个中花石幻灵奇"点明了留园的特色。依据建造年代与主题分为"中部山水、东部庭园、北部山林、西部田园"四个景色分区，在总体布局上兼顾这四部分之间的相互渗透与联系，进行主题与空间类型的区分与互补，形成和谐整体；中部和东部是全园精华之所在（图5.2-1）。

中部为全园山水景观区，通过西北筑假山、中部凿水池、东南围建筑，

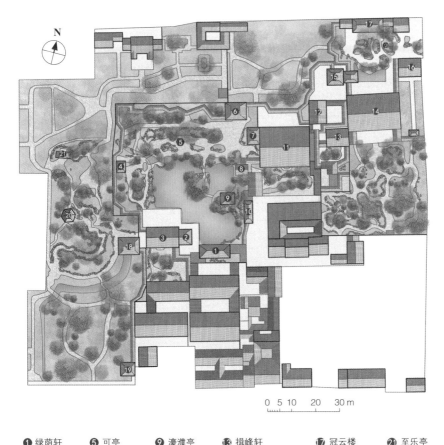

① 绿荫轩　　⑤ 可亭　　　⑨ 濠濮亭　　⑬ 揖峰轩　　⑰ 冠云楼　　㉑ 至乐亭
② 明瑟楼　　⑥ 远翠阁　　⑩ 曲溪楼　　⑭ 林泉耆硕之馆　⑱ 活泼泼地
③ 涵碧山房　⑦ 汲古得绠处　⑪ 五峰仙馆　⑮ 佳晴喜雨快雪之亭　⑲ 君子所履亭
④ 闻木樨香轩　⑧ 清风池馆　⑫ 还我读书处　⑯ 待云庵　　　⑳ 舒啸亭

图5.2-1　留园总平面图

形成自然的山水景区。山池主景朝向面阳，有银杏、枫杨、榆树等高大乔
木，形成山林森郁的气氛。东边和南边有清风池馆、曲溪楼、绿荫轩、涵碧
山房、明瑟楼等一组建筑围合成半包围的空间。绿荫轩开敞空灵，涵碧山房
为三开间硬山建筑，两者为中部主要建筑。其左侧的明瑟楼依涵碧山房而
筑，高两层，屋顶为单面歇山，外观玲珑。水池东面曲溪楼，白墙、灰瓦、
栗色窗框，与环境极为协调。该区域不仅水波粼粼、花木繁茂、奇石丛生，
且亭台楼阁鳞次栉比、参差错落、疏密相间，极富变化（图5.2-2）。

　　曲溪楼、清风池馆以东区域为留园的东部，功能上以文化享乐活动为
主。五峰仙馆和林泉耆硕之馆为这两个区域的主体建筑。以这两个建筑为中

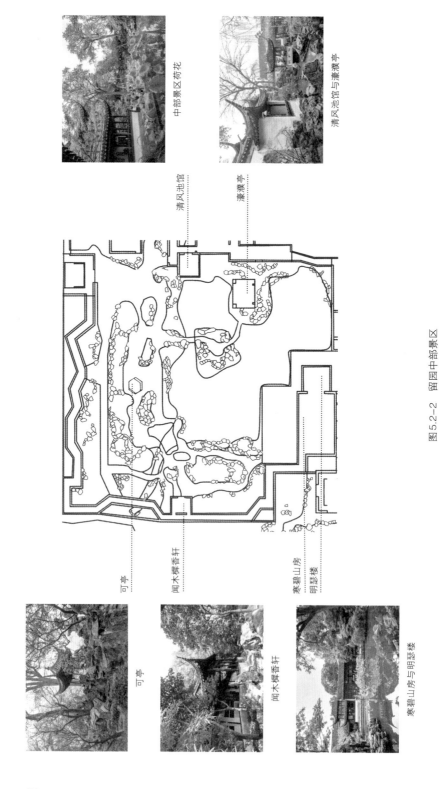

中部景区荷花

清风池馆与濠濮亭

清风池馆

濠濮亭

可亭

闻木樨香轩

寒碧山房
明瑟楼

可亭

闻木樨香轩

寒碧山房与明瑟楼

图 5.2-2 留园中部景区

心，又分别构建了不同的院落。此区建筑密度大，灵活多变的院落空间不仅营造出幽深、恬淡的园林建筑外环境，同时也满足了园主人以文会友等的功能需求（图5.2-3）。

北部山林、西部田园以展示自然风景为主，枫树成林，与中部高大乔木相映成趣（图5.2-4）。

留园空间处理极其精湛，从入口空间的挤促紧凑、到中部开朗丰富、再到东部收敛闭合，其空间大小、开合、明暗、高低等方面均产生对比，形成有节奏的空间联系，衬托出各个庭院的特色，使园景富于变化和层次。

2.3　局部特点

留园以其独具一格的建筑艺术而享有盛名。其建筑空间藏露互引，疏密有致，虚实相间、旷奥自如，变化无穷。

其中入口处的空间变化与对比最令人叹为观止（图5.2-5）。留园一进大门，是个比较宽敞的前厅，从厅的右侧进入曲折狭长的走道，经过二折后进入一个面向天井的敞厅，随后以一个半遮半敞的小空间结束了这段行程，由此来到"古木交柯"才算真正入园。首先，其空间大小不断变化，收放自如，不仅不使人感到沉闷、单调，相反正是充分利用它的狭长、曲折和封闭性而使之与园内主要空间构成强烈的对比，从而有效地突出了园内空间。从大门到"古木交柯"的通道，巧妙顺势曲折，加以多次方向的转变，促使游人不断地转换视线。其次，除了空间的大小变化、方向变化外，对空间气氛渲染作用更大的是空间的明暗变化。一入大门的前厅面积较大，但夹于左右二宅高墙之间，无法采光，于是在厅中开天井，成为一种独特的入口形式；继续前行，在窄廊的两侧不断出现透亮的露天小空间，为简洁朴素的建筑增添了多样的光影变化，使沉闷的夹道富有生气（图5.2-6）。

以五峰仙馆为中心，由还我读书处、揖峰轩、汲古得绠处、曲溪楼、鹤所等围合的空间是留园另一个有特色的空间。五峰仙馆是留园内最大的厅堂，五开间，九架屋，硬山造，旧时厅内梁柱均为楠木，故俗称"楠木厅"；厅内陈设古雅繁美，有"江南第一厅堂"之誉。"五峰"之名源于李白的诗句："庐山东南五老峰，晴天削出金芙蓉"。厅堂的前院堆叠有按照庐山五老峰的意境来堆建的湖石假山，为苏州各园中最大的厅山。这组湖石假山不仅

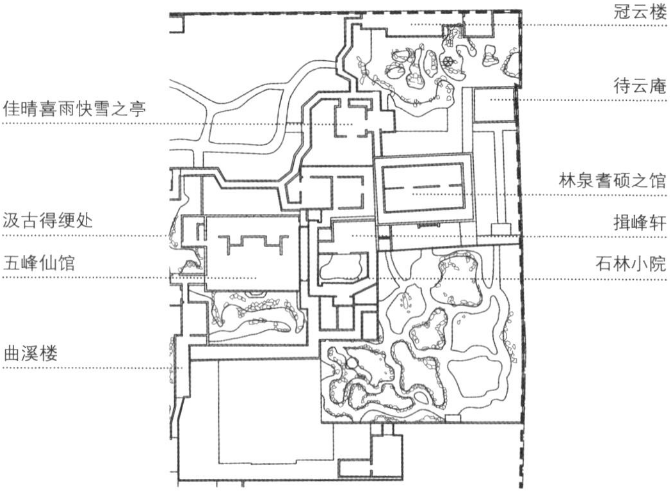

冠云楼

待云庵

佳晴喜雨快雪之亭

林泉耆硕之馆

汲古得绠处

揖峰轩

五峰仙馆

石林小院

曲溪楼

佳晴喜雨快雪之亭

汲古得绠处

五峰仙馆庭院

五峰仙馆室内

曲溪楼

佳晴喜雨快雪之喜雨

鹤所

石林小院

待云庵

林泉耆硕之馆

揖峰轩

冠云台

冠云楼俯视

冠云楼与冠云峰

图5.2-3 留园东部景区

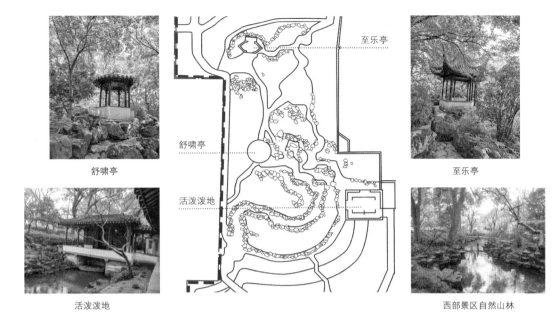

舒啸亭

活泼泼地

至乐亭

西部景区自然山林

图5.2-4 留园西部景区

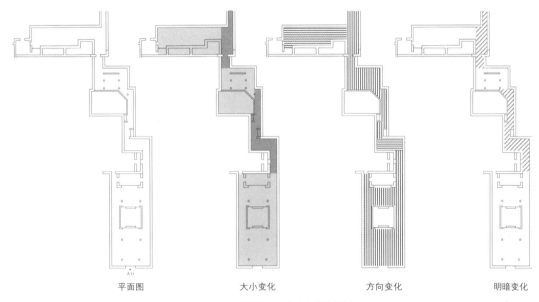

平面图   大小变化   方向变化   明暗变化

图5.2-5 留园入口对比与调和设计

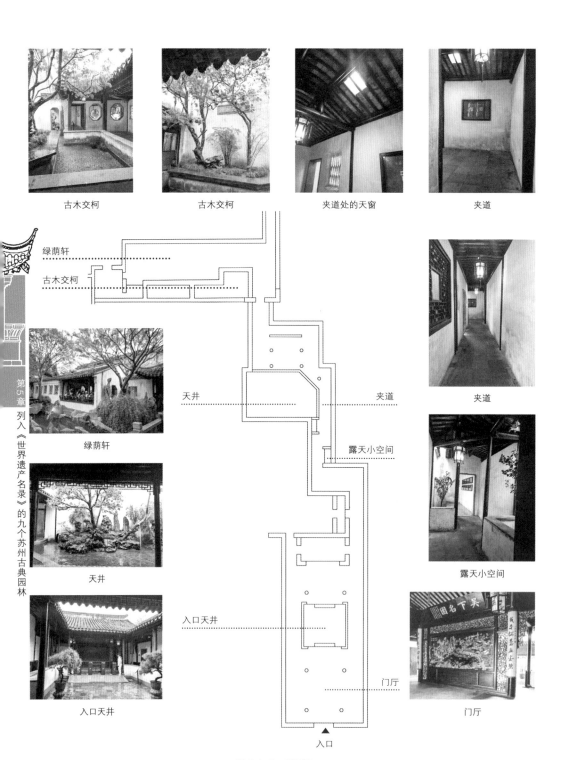

古木交柯　　　　　　古木交柯　　　　　　夹道处的天窗　　　　　　夹道

绿荫轩

古木交柯

天井　　　　　　　　　夹道

夹道

露天小空间

绿荫轩

露天小空间

天井

入口天井

入口天井　　　　　　门厅

门厅

入口

图5.2-6　留园入口

体量大，且与五峰仙馆空间距离很近，巧妙地通过控制观赏距离，使假山有"峰"的效果。辑峰轩与回廊、墙等又划分出若干小空间，立湖石、石笋、芭蕉、翠竹等，仿佛五峰余脉，意境深远。

　　留园整体都是采用自然式布局，但是东部却有一条由"林泉耆硕之馆—浣云沼—冠云峰—冠云楼"组成的中轴线。这种构图是为了突出冠云峰的主景价值，中轴线两侧布置回廊和亭形成独立空间，更进一步地突出主景。冠云峰集太湖石"瘦、漏、透、皱"四奇于一身，是太湖石之极品，总高6.5 m，重约5 t，素有"江南园林峰石之冠"的美誉，因石巅高耸，四展如冠，所以取名"冠云"。故《长物志》有云："石令人古，水令人远。园林水石，最不可无"。冠云峰两侧，瑞云峰、岫云峰屏立左右，为留园著名的姐妹三峰。林泉耆硕之馆是观赏冠云峰的最佳位置，中心水池名浣云沼，很好地设置了观赏的最小距离。周围建有冠云楼、冠云亭、冠云台、仁云庵等，都是为了变换角度赏石的静态空间。冠云楼不仅可俯瞰石峰，更可远眺虎丘，是借景的一个佳例。

第3节

网师园——山势盘陀真是画，泉流宛委遂成书

3.1 基本概况

网师园位于苏州城东南十全街，占地约半公顷，是入选《世界文化遗产名录》九座苏州园林中最小者。最初为南宋时期（1127—1279年）史正志所建的万卷堂所在之地，花园称"渔隐"。清乾隆年间（约公元1770年）光禄寺少卿宋宗元退隐，购得此地后重建，定园名为"网师园"。后几经更换主人，分别以"卢隐""苏林小筑""逸园"相称。1940年文物收藏家何亚农买下此园，复用"网师园"旧名。1982年网师园被列为"全国重点文物保护单位"，1997年与拙政园、留园、环秀山庄一起被列入《世界遗产名录》。

3.2 空间布局

网师园结构紧凑、布局精巧，因建筑精致、巧妙及空间尺度比例协调而著称，总体为东宅西园的布局。总体功能可分为宅院、山水景观区、文化活动区三个功能区。

东部为宅院，由轿厅、万卷楼、撷秀楼、云窟等建筑庭院组成。中部山水景观区为全园核心，围绕水面布局有亭廊曲桥轩榭阁等，主要有月到风来亭、濯缨水阁、小山丛桂轩、假山、竹外一枝轩、射鸭廊等（图5.3-1）。南部、西部和北部为文化活动区——南部琴室、蹈和馆、露华馆等建筑院落以宴乐功能为主；西部殿春簃、冷泉亭围合的小院以及北部看松读画轩、集虚

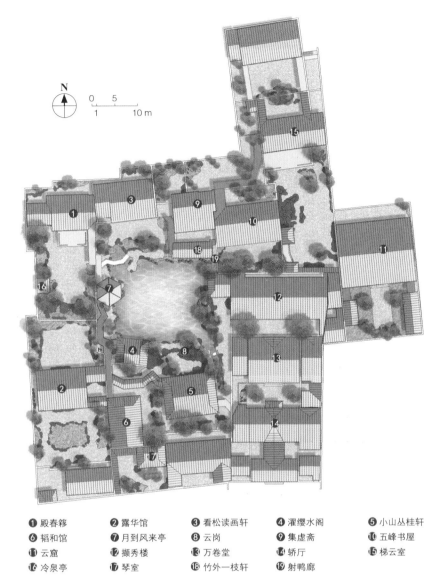

❶ 殿春簃	❷ 露华馆	❸ 看松读画轩	❹ 濯缨水阁	❺ 小山丛桂轩
❻ 韬和馆	❼ 月到风来亭	❽ 云岗	❾ 集虚斋	❿ 五峰书屋
⓫ 云窟	⓬ 撷秀楼	⓭ 万卷堂	⓮ 轿厅	⓯ 梯云室
⓰ 冷泉亭	⓱ 琴室	⓲ 竹外一枝轩	⓳ 射鸭廊	

图 5.3-1　网师园总平面图

斋、读画楼（楼上）、五峰书屋（楼下）、梯云室等建筑庭院，以读书品画等
功能为主。

　　全园布局外形整齐均衡，内部因景划区，以水池为中心，水面聚而不散
（图 5.3-2、图 5.3-3）。建筑分层布置，体量小的建筑贴近水面而建，体量大
的单层和二层建筑景点则布局在水池周边的外层，空间层次丰富，满足各种

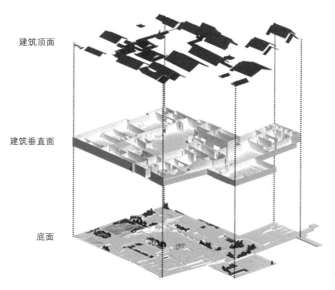

图5.3-2　网师园空间界面叠加图

功能需要（图5.3-4、图5.3-5）。

　　在空间的处理上，以水池为中心发散型的布置形成一种聚合式的园林。以水池为中心的主景区，周围围绕较小的辅景区，产生空间的对比，形成众星拱月的格局。水面共有小桥两座，池西北方向的石板曲桥低矮贴近水面，为池水增加了一分灵气；东南方向引静桥微微拱露，小桥与水面形成尺度对比，反衬出水面之广阔。小山丛桂轩对联"山势盘陀真是画，泉流宛委遂成书"，画龙点睛地勾画出山水景观区以及整个网师园的特点。

3.3　局部特点

　　殿春簃是网师园的园中园，是全园具有代表性的空间，"殿春"即春末，"簃"是楼阁边的小屋，其取自邵雍《芍药》诗中的诗句"多谢化工怜寂寞，尚留芍药殿春风"。殿春簃原以栽植芍药而闻名，园中园门宕面东处刻"潭西渔隐"四字，点明了园中园隐逸的主题。园中园全园面积为 316.9 m²，其中建筑面积约占全园的三分之一，山石面积仅次于建筑面积，山石与建筑的总面积接近全园的六成。造园者通过将建筑、山石花台、涵碧泉、花木沿着边布局，使园中园空间中部留空，呈现为一块完整的区域，在有限的面积内使得园中空间最大化。在园南部布局小型山台，东南角设小空间的山谷入

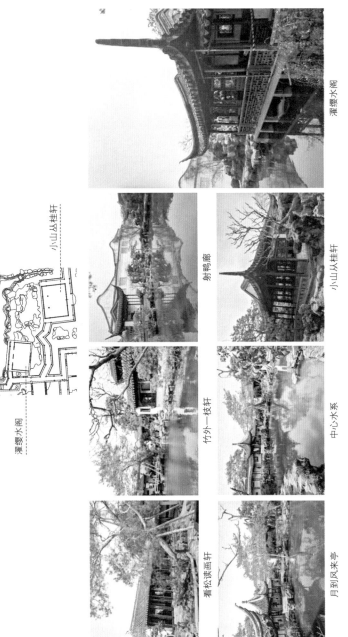

看松读画轩
竹外一枝轩
月到风来亭
灌缨水阁

射鸭廊
网师园水系
小山丛桂轩

灌缨水阁

射鸭廊
小山丛桂轩

竹外一枝轩
中心水系

看松读画轩
月到风来亭

图5.3-3　网师园中部景观

殿春簃小院

殿春簃

冷泉亭

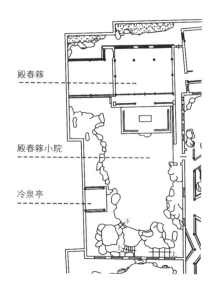

殿春簃

殿春簃小院

冷泉亭

图5.3-4　网师园西部殿春簃小院

梯云室小院

五峰书屋

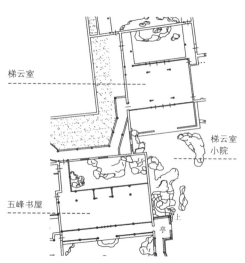

梯云室

梯云室
小院

五峰书屋

图5.3-5　网师园北部梯云室、五峰书屋

口；进谷口西转上登山道至涵碧泉。纵观全园山水，假山布局极具章法，起、承、转、合之间，藏洞于山、藏路于峰、藏泉于谷；山石整体上形态多样，起伏有致，山石的轮廓线极富节奏与韵律。

山水景观区以水池为中心，在水池的西北角和东南角分别作出水口和水尾，并架桥跨越，隐喻水的来龙去脉，使水体有活水之感。环池一周，各景点皆围绕水面布局，水池东侧布置射鸭廊，西侧有月到风来亭与假山组合，南侧布局有小山丛桂轩、濯缨水阁、云岗、拱桥等，北侧有竹外一枝轩、看松读画轩、平石桥等。通过对比例、尺度的把握，对空间进行抑扬的处理，形成步移景异、旷奥有度、节奏含韵的空间特征。网师园的水池主景区范围不大，却步步有景，网师园将以小见大的手法表达得淋漓尽致。

网师园内建筑布局极具特色，贴近水面的建筑精致小巧、造型秀丽，尤其水池周围的亭、阁，具有小、低、透的特点，反衬出水面之辽阔；水池周边的外层则布局体量大的单层和二层建筑景点。内外层建筑局部组群注重建筑体量、建筑形式的平衡；建筑方向随意，无需正南正北，整体动势向心。

园内游览路线的安排皆围绕水池展开，布置的点景建筑物如濯缨水阁、月到风来亭、竹外一枝轩、射鸭廊等也是驻足观赏点。水池四周之景，仿佛多幅画卷，要素相似，却因不同的观赏位置呈现不同的景象。园子尽管范围不大，却仿佛观之不尽，让人流连忘返。

建筑布置也独具匠心，与池边留有一定距离，使其没有空间局促之感，反而形成了近景、中景、远景的丰富景观层次。

第 4 节

环秀山庄——看叠石疏泉，
有天然画本

4.1　基本概况

　　环秀山庄位于苏州市景德路中段，现占地面积2 179 m²，其中建筑面积754 m²。原为五代钱氏金谷园故址，几经易手，多次扩建，清道光二十九年（1849年）始称环秀山庄，又名颐园，成为私家园林。环秀山庄面积不大，且又无外景可借，造园家移天缩地，叠石造山，成就这一方名园。有诗云：“风景自清嘉，有画舫补秋，奇峰环秀；园林占优胜，看寒泉飞雪，高阁涵云”。园虽小，却极有气势。环秀山庄1988年入选“国家重点文物保护单位”，1997年被收录入《世界遗产名录》。

4.2　空间布局

　　环秀山庄是以山水为主题的模式，整体布局为前厅后园。南区为厅，由咏斋、有榖堂、直廊、咫尺山馆等组成（图5.4-1）。有榖堂前后点缀山石、花木，咫尺山馆平台延伸至池边，形成北部园林边界。北区园林自成体系，以假山为主，建筑不多，假山和房屋面积约占全园四分之三，水面占四分之一；西侧紧贴围墙布置边楼，西北部为精巧的石壁，北部是临水的“补秋山房”，东北部为“半潭秋水一房山”亭，中部、东部及北部为山体及林木（图5.4-2）。

　　主体园林部分山石水系在南，建筑主要布局在北。建筑与游廊呈包围

有穀堂

有穀堂小院

咫尺山馆

图5.4-1　环秀山庄南区建筑

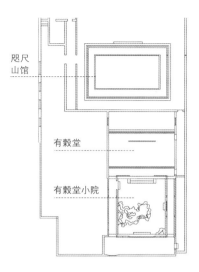

式，包围主体假山与水系，补秋山房为主要的停驻观赏点，东西两侧各通过连廊连接山中的半潭秋水一房山和水中的问泉亭。

全园中部湖石假山最为突出，是叠山大家戈裕良之杰作。假山有主次之分，主山位于水池东部；池北小山为次山，作为主山对景。主山分前后两部分，前山全用叠石构成，外形峭壁峰峦，内构为洞；后山临池水部分为湖石石壁，与前山之间仅留有1m左右的距离，构成洞谷，谷高约5m，主峰高7.2m，洞谷约12m，山径长60余米，盘旋上下，所见皆危岩峭壁、峡谷栈道、石室飞梁、溪涧洞穴，如高路入云，气象万千（图5.4-3）。山体与路径结合巧妙，景象结构组合紧密，起到小中见大的效果（图5.4-4、图5.4-5）。

环秀山庄以叠石假山为主，以水为辅，是罕见的园林形式。池水缭绕于两山之间，水面盘迴循环，时而水面较大，时而有溪流贯穿于山石之间而形成"涧"，或开朗或曲折，再现了诗意中的自然水景（图5.4-6）。

环秀山庄用含蓄、隐晦的手法，将景物藏于幽深之处，需经曲折变化之后方得佳境。国学大师俞樾题环秀山庄云："丘壑在胸中，看叠石疏泉，有天然画本；园林甲吴下，愿携琴载酒，作人外清游。"环秀山庄山石嶙峋，植

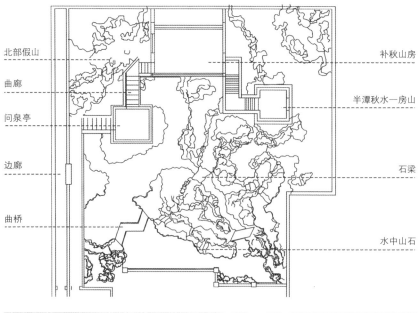

北部假山
曲廊
问泉亭
边廊
曲桥

补秋山房
半潭秋水一房山
石梁
水中山石

边楼与周围假山

曲廊与补秋山房

问泉亭

补秋山房前水系

补秋山房

图5.4-2 环秀山庄北区建筑

北部假山　　　　　　　　　　石梁　　　　　　　　　　石洞

曲桥　　　　　　　　　　　　水中山石

图5.4-3　环秀山庄中部山水

物丰富，藏亭台于山石、树梢的空隙之间。站在咫尺山馆北侧平台处，透过主假山及树木可隐约望见问泉亭、补秋山房以及半潭秋水一房山的上部，极尽幽邃深远之意。此外，假山石也遮挡了一部分水面，让水面看似无边界、无尽头。藏景的手法增加了空间层次感，给观赏者幽深莫测的感受，让游人产生无尽的联想。

　　掇山叠石应用"大斧劈法"，通过比拟、联想扩大空间感受，把山水之美提炼浓缩到两千余平方米的场地之中，创造了峰峦、山涧、峭壁、峡谷、山洞、飞泉等大自然之景致，表现出岭之平迤、峰之峻峭、峦之圆浑、崖之突兀、涧之潜折、谷之深壑。通过寓意于景，使人产生触景生情的联想，让游赏者忘却处于围墙之中，仿佛置身于幽深的大自然，尽享无限的意境空间。

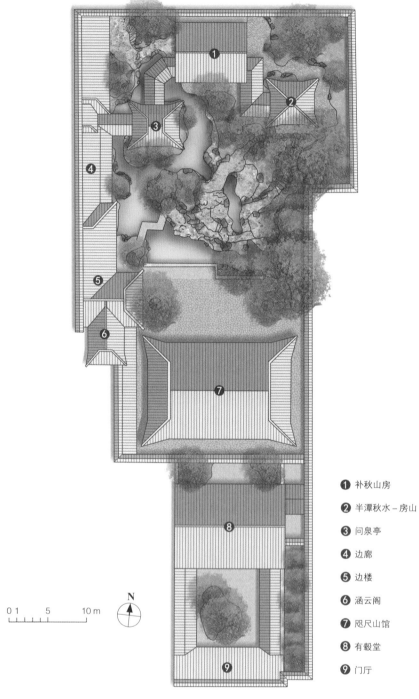

❶ 补秋山房

❷ 半潭秋水－房山

❸ 问泉亭

❹ 边廊

❺ 边楼

❻ 涵云阁

❼ 咫尺山馆

❽ 有榖堂

❾ 门厅

0 1　　5　　10 m

N

图5.4-4　环秀山庄总平面图

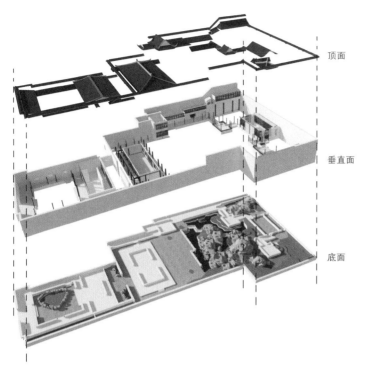

顶面

垂直面

底面

图5.4-5　环秀山庄空间界面叠加图

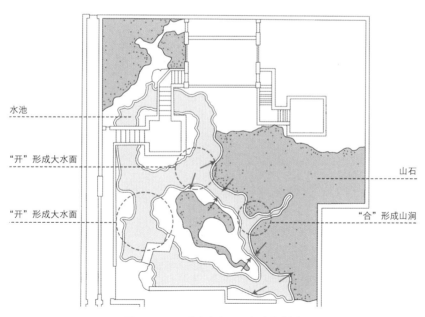

水池

"开"形成大水面

"开"形成大水面

山石

"合"形成山涧

图5.4-6　环秀山庄水面开合对比分析

山地占地三十余平方米，但山上路径六七十米，涧谷长约十二米，山峰高七米有余，山景和空间变化多样，产生"山形步步移，山形面面看"的效果。过街楼、房山亭提供了俯瞰全园的空间，咫尺山馆不仅是平视观赏假山的最佳位置，且与假山及问泉亭补秋山房、房山亭、边楼和边廊等形成对景。

第5节
沧浪亭——明月清风本无价，近水远山皆有情

5.1 基本概况

沧浪亭位于苏州城南，占地面积1.08 hm²，是苏州现存最古老园林之一，始建于五代十国晚期，是中吴节度使孙承佑的池馆；后由北宋著名诗人苏舜钦购得，经重新梳水理石，题名其为"沧浪亭"。苏氏之后，沧浪亭屡经易主，清康熙年间宋荦重建此园，将原傍水的沧浪亭移建于山之巅，形成今天沧浪亭的布局基础，并以文徵明隶书"沧浪亭"为匾额。道光、同治年间又经修葺、重建，遂成现状。1954年向公众开放，2000年11月入选《世界遗产名录》。

5.2 空间布局

沧浪亭立于山岭，高旷轩敞，石柱飞檐，古雅壮丽，整体拙朴，虽几度废弃，仍沿有宋代风格。沧浪亭南倚绿水，入口处有桥横于水上，穿行而过方可入园。园内一座土石山堆叠其中，成为主景，各空间围绕其展开。亭内石柱有对联"明月清风本无价，近水远山皆有情"将明月清风远山近水都纳入园中，可谓是利用楹联扩大空间感的佳例。

沧浪亭布局以山为主，这是苏州古典园林少见的园内几乎无水的例子，仅在山脚下有一小水池，但园外水系宽阔。空间格局分为南部和北部，其中北部是精华所在（图5.5-1）。南部建筑庭院以文化功能为主，明道堂是园中

图5.5-1　沧浪亭分区图

图例：
- 廊道系统
- 山路蹬道系统
- 水体
- 山林区
- 建筑区

最大的主体建筑，位于假山东南部，面阔三间。翠玲珑连贯几间大小不一的旁室，前后芭蕉掩映，并植以各类竹20余种。五百名贤祠中的三面粉壁上嵌594幅与苏州历史有关的人物平雕石像，为清代名家顾汀舟所刻。看山楼位于山石之上，最底层是"印心石屋"假山石洞。看山楼、仰止亭和御碑亭等建筑映衬。山上植有古木，石径盘回，林木森郁，沧浪亭隐藏在山顶上。北面建筑沿园外河流水系展开，以观景为主。河流、沿河建筑以及山林等构成沧浪亭山水景观区（图5.5-2、图5.5-3）。

5.3　局部特点

5.3.1　由外至内部流线特点

"巧于因借，开门见山"是沧浪亭由外至内部流线的特点。沧浪亭临河而建，园门、面水轩、复廊、观鱼处等建筑沿河岸展开，构成园林边界。

园门前设曲桥，桥头牌坊上写着"沧浪胜迹"用于点景，让人未进园

第5章　列入《世界遗产名录》的九个苏州古典园林

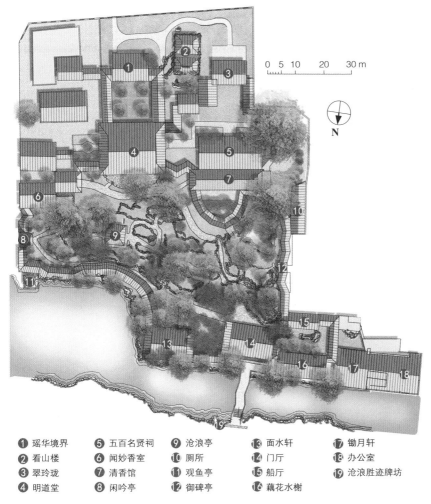

① 瑶华境界　　⑤ 五百名贤祠　　⑨ 沧浪亭　　⑬ 面水轩　　⑰ 锄月轩
② 看山楼　　　⑥ 闻妙香室　　　⑩ 厕所　　　⑭ 门厅　　　⑱ 办公室
③ 翠玲珑　　　⑦ 清香馆　　　　⑪ 观鱼亭　　⑮ 船厅　　　⑲ 沧浪胜迹牌坊
④ 明道堂　　　⑧ 闲吟亭　　　　⑫ 御碑亭　　⑯ 藕花水榭

图5.5-2　沧浪亭总平面图

林便开始留意周旁的景色，宛若已经置身园林中。渡桥入门，便是山林景色。这样的空间处理巧妙地使园内、园外景致勾连。白粉墙与棕色的建筑临水交替组成北立面，回环绿水自成屏障，一座石桥架于其上形成通向园林的入口，再结合牌坊的暗示，游人不自觉地将此蜿蜒的河水纳入沧浪亭的一部分；除此之外，沧浪亭利用双面廊做界，使外面的游人可看见内部的流线，而内部的人员可俯瞰外面的景色，内外联系，将邻借的手法运用得淋漓尽致（图5.5-4）。

涉水渡桥进入园内，便是以山石为主的土阜。山上的参天古木使园林更添古韵，院内建筑皆围山石而建，建筑空间均位于其后，增加空间层次。由

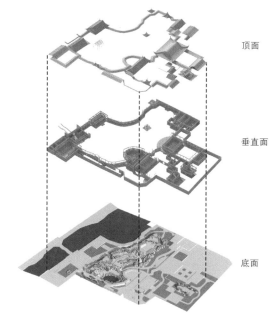

图5.5-3　沧浪亭空间界面叠加图

顶面

垂直面

底面

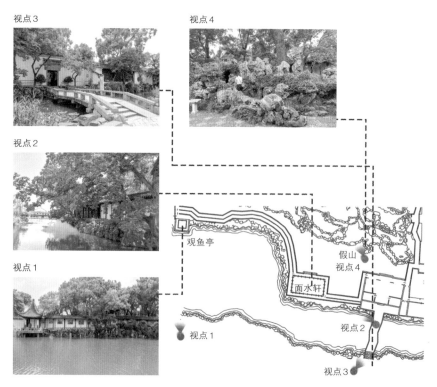

视点3

视点4

视点2

视点1

观鱼亭

面水轩

假山
视点4

视点1

视点2

视点3

图5.5-4　沧浪亭入口

于建筑集中布置，留出中部营造山林景色，使沧浪亭虽占地面积不大但仍清旷疏朗、自然野趣，辅以园内外相互渗透，避免了高墙深院之局促与压迫。独具匠心的空间布局使园林巧妙融内外景致于一体，既通幽蕴藉又深远空灵。

5.3.2 造园布局特点

"崇阜广水，花墙疏透"是沧浪亭造园布局特点。在造园布局上有别于其他园林将水景置于中心并沿中心水池设景的模式，巧妙运用自然之景，引水入园使得园林清雅古朴。园外水石自然，园内山石嶙峋，相映成趣。复廊盘踞水边，其上花窗清透雅致，极大地削弱了园林的边界，在有边与无界中寻得安静自如。另外沧浪亭的花窗数量与精美程度可谓苏州园林之冠，据统计园中一百零八处花窗，图案、花纹无一雷同，尤其沿假山四周布局花窗达六十式之多，一字排开连绵不断。依托双面水廊将"透景""漏景"发挥到极致，将园内视野充分打开，相互渗透，突破园林空间较小的局限。

面水轩，原为观鱼处，清同治十二年（1873年）巡抚张树声重修后改为面水轩，沿袭唐杜甫诗"层轩皆面水，老树饱经霜"之意。此轩面北临流，庭前古木参差交映，轩左侧有复廊一条蜿蜒而东，两面可行，内外借景，隔水迎人。

复廊，被誉为苏州古典园林三大名廊之一，采用两面廊并在廊墙上开花窗的形式，将园内外的山与水有机地连在一起的，在墙分隔内外的同时，又造成了山、水互为借景的效果，同时也弥补了园中缺水的不足，拓展了游人的视觉空间，丰富了游人的赏景内容（图5.5-5）。

5.3.3 游线特点

"步移景异，山林野趣"是沧浪亭游线特点。由于山体作为全园的主景，因此丰富的游览路线依附山林布置，产生方向对比与调和，杂花修筑点缀其间，极富自然野趣；同时，廊道系统与山林路系统并驾齐驱，"水—山—建筑群"的格局通过两组游览路线纵横连接，有机组合。苏舜钦有诗云："一径抱幽山，居然城市间。高轩面曲水，修竹慰愁颜。"同时由路径串联的还有丰富的四时之景，有"春日观坐翠玲珑赏竹，夏日清卧藕花小轩赏荷，秋日闲居清香馆品桂，冬日静闻妙香室探梅"之妙（图5.5-6）。

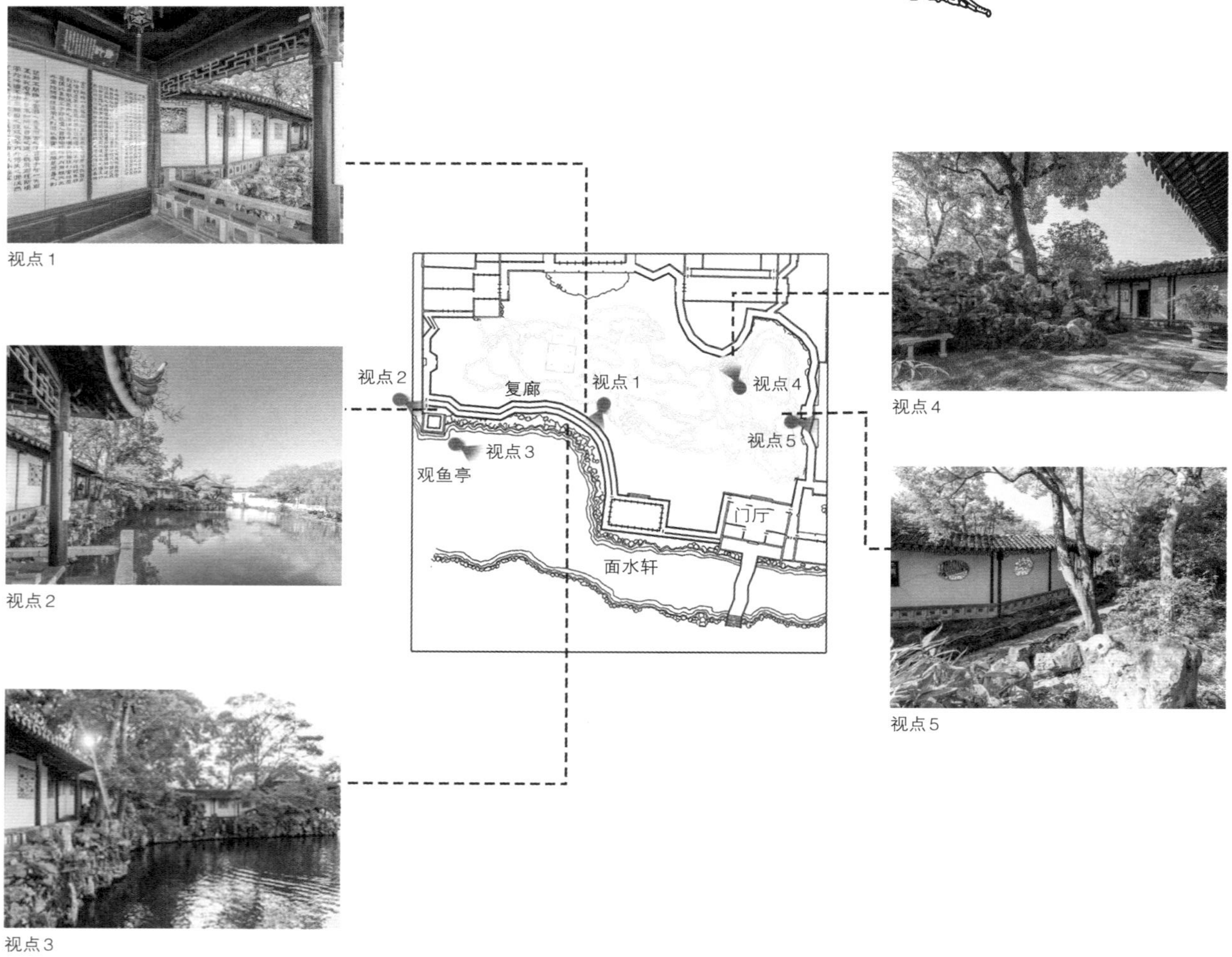

图5.5-5 沧浪亭复廊

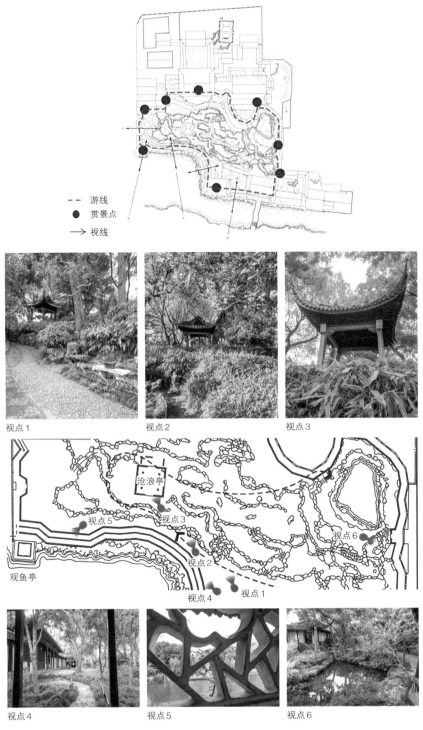

视点1　　　　　　　　　视点2　　　　　　　　　视点3

视点4　　　　　　　　　视点5　　　　　　　　　视点6

图5.5-6　沧浪亭山林空间

5.3.4 意境特点

"心物相融，意境深远"是沧浪亭的意境特点。以"沧浪"为意，引屈原《渔父》传达一种"人生海海，君子处世，遇治则仕，遇乱则隐"的态度。这在一定程度上让官场失意、人生低估的苏舜钦得以释怀。沧浪亭的营造使得苏舜钦在"隐于市"与"隐于野"中获得了平衡。

第6节
狮子林——枕水小桥通鹤市，
森峰旧苑认狮林

6.1 基本概况

狮子林位于苏州潘儒巷内，东靠园林路，面积约 $1\,hm^2$，始建于元代至正二年（1342年），园内石峰林立，多状似狮子，故名"狮子林"；清乾隆初年，更名涉园，又称五松园。1917年为商人贝润生购得，经修建和扩建，仍名狮子林。林园几经兴衰变化，寺、园、宅分而又合，传统造园手法与佛教思想相互融合，以及近代贝氏家族把西洋造园手法和家祠引入园中，故使其成为融禅宗之理、园林之乐于一体的寺庙园林。狮子林拥有国内尚存最大的古代假山群，湖石假山出神入化，被誉为"假山王国"，2000年被列入《世界遗产名录》。

6.2 空间布局

狮子林分为宅院区、山水景观区与文化活动区三部分。整体采用环游式布局，东侧为祠堂以及住宅的部分，其他三侧用廊将建筑连为一体，形成变化多样的游赏路线（图5.6-1）。

6.2.1 宅院区

宅院区由门厅、宗祠和住宅组成。现园子的入口原是贝氏宗祠，是二进的硬山厅堂。大厅有柱联"枕水小桥通鹤市，森峰旧苑认狮林"，突出了此园特色。

① 飞瀑亭　② 梅阁　③ 双香仙馆　④ 扇子亭　⑤ 文天祥碑亭
⑥ 御碑亭　⑦ 小赤壁　⑧ 修行阁　⑨ 紫藤架　⑩ 湖心亭　⑪ 石舫
⑫ 暗香疏影楼　⑬ 真趣亭　⑭ 古五松园　⑮ 半亭　⑯ 指柏轩　⑰ 见山楼
⑱ 卧云室　⑲ 立雪堂　⑳ 祠堂　㉑ 燕誉堂　㉒ 荷花厅
㉓ 小方厅　㉔ 九狮峰

图5.6-1　狮子林总平面图

6.2.2　文化活动区

文化活动区由东侧的燕誉堂、小方厅组成的一组庭院以及北侧的指柏轩、古五松阁、暗香疏影楼等一组建筑庭院组成。

东侧以燕誉堂为代表，建筑高敞宏丽，堂内陈设雍容华贵。沿主厅南北轴线上共有四个小庭园，内植白玉兰、紫玉兰、牡丹、樱花是为春景庭园。

小方厅为歇山式，厅内东西两侧空窗与窗外腊梅、南天竹、石峰共同构成"寒梅图"和"竹石图"，犹如无言小诗，点活了小方厅。出小方厅即见厅园中的九狮峰，东西各设开敞与封闭的两个半亭，互相对比，交错而出，突出石峰。

再往北又有一小院，有黄杨花台一座。北侧建筑院落前后错落，形式多变。指柏轩为是全园的主厅，体态高大，轩高两层，四周围廊。轩前古柏数株，南面正对假山，为狮子林主景之一，也是观赏假山景致的最佳静态空间。指柏轩西部有古五松园、暗香疏影楼、真趣亭等一组建筑构成充满文人气息的景观（图5.6-2）。

6.2.3 山水景观区

山水景观区是狮子林的核心部分，总体格局是东西两面堆山、中部为水池。假山群三面环绕水系。

东部的假山位于高处，即使大雨时也能一泻而干，因此其称为旱假山。

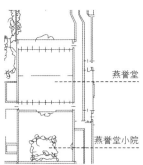

燕誉堂　　　　　　　　　　　　　　　燕誉堂小院

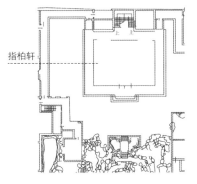

指柏轩

图5.6-2　狮子林文化活动区

西部的假山邻水布局，与水相依，因此其称为水假山；山体造型高低错落、巧夺天工；整个旱假山分为上、中、下三个层次，共有21个山洞，9条曲径。假山群与游览路线的组合极具特点——路径盘旋于高山之上，又回环于低谷之中。处于高山之上可望见著名的五峰：狮子峰、含晖峰、立玉峰、昂霄峰、吐月峰；进入低谷之中洞壑，洞外明亮的光线与洞壑内幽暗的光影形成对比，增加了游览的乐趣。此外，卧云室位于假山石的环抱之中，四周山石形态各异，如在云间，故称卧云室；禅室坐落山丛之中，所谓"曲径通幽处，园林无俗情"。

水池北部环绕建筑。荷花厅、真趣亭傍水而筑，木装修雕刻精美。石舫是混凝土结构，形态小巧，体量适宜。暗香疏影楼是楼非楼，楼上走廊可达假山。飞瀑亭、问梅阁、立雪堂，则与瀑布、寒梅、修竹相互呼应。扇子亭、文天祥碑亭、御碑亭由一长廊贯串，打破了南墙的平直、高峻感。中央水面聚中有分，水池中心曲桥连亭；水面分隔采用桥和廊，使得水面似断非断、似连非连、相互交融、层次丰富，扩大了视觉空间感。水池周围建筑、山石地形、花木等高低错落，建筑墙垣分割空间，山石、树木、花窗虚实相隔，共同构成园林的立面，使空间变化丰富多彩，达到小中见大的效果，舒缓了小空间的紧促感（图5.6-3、图5.6-4）。

真趣亭
石舫
湖心亭
中心水景
紫藤架、石架
扇子亭

荷花厅
石桥

卧云室
旱假山

真趣亭

石舫

湖心亭

石桥

中心水景

卧云室

紫藤架、石架

荷花厅

图5.6-3　狮子林山水景观区

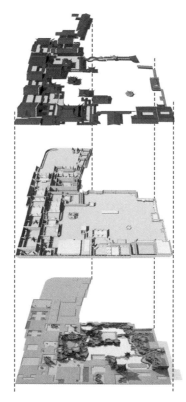

顶面

垂直面

底面

图5.6-4　狮子林空间界面叠加图

第 7 节

艺圃——满院春光，盈亭皓月，数朝遗韵惠兰馨

7.1 基本概况

艺圃位于苏州市阊门内天库前文衙弄5号，始建于明嘉靖二十年（1541年），初名"醉颖堂"，明万历末年文徵明曾孙文震孟改园名为"药圃"，明末清初园主姜埰更名为"敬亭山房"，后由其子姜实节命名"艺圃"。20世纪70年代末按照"修旧如旧"原则修葺，1984年对外开放。2006年入选"全国重点文物保护单位"，2000年列入《世界遗产名录》。

7.2 空间布局

艺圃总面积0.33 hm²，总体布局以水池为中心，围绕水池构建水榭、亭廊、假山、石桥等，构成全园山水景观区。

北面以建筑庭院为主，满足读书、品画、交流等活动需要，构成文化娱乐区。连片分布的文化建筑组成过渡带将宅院与核心景观进行了分隔与联系。

艺圃山水景观区整体脉络呈"建筑—水体—山石"的南北走向，是典型的"前水后山，复构堂于水前，座堂中穿水遥对山石"的模式。所有景观围绕中心开阔水面展开——水面北侧以延光阁为界；西侧环以响月廊；乳鱼亭突出于东侧水面；南侧以山石及小水面共同组成的自然景观作边界——形成"山外有山，造园无界"的感觉（图5.7-1）。其布局与网师园类似。

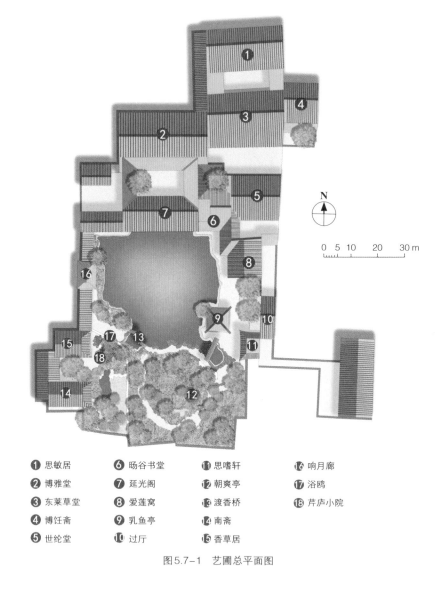

❶ 思敏居	❻ 旸谷书堂	⓫ 思嗜轩	⓰ 响月廊
❷ 博雅堂	❼ 延光阁	⓬ 朝爽亭	⓱ 浴鸥
❸ 东莱草堂	❽ 爱莲窝	⓭ 渡香桥	⓲ 芹庐小院
❹ 博饪斋	❾ 乳鱼亭	⓮ 南斋	
❺ 世纶堂	❿ 过厅	⓯ 香草居	

图 5.7-1　艺圃总平面图

7.3　局部特点

7.3.1　堆山理水造景

假山用土堆成，临池叠石成绝壁和危径，曲径浓荫，成山林野趣。

理水大收大放，开阔水面尽量不做分的处理，仅在东南角和西南角分出两个水湾，水尾则利用园墙框景，曲桥凌波，尽曲尽折。这种强烈而简明的对比手法，使艺圃在方寸之间，有山水辽阔之感（图5.7-2、图5.7-3）。

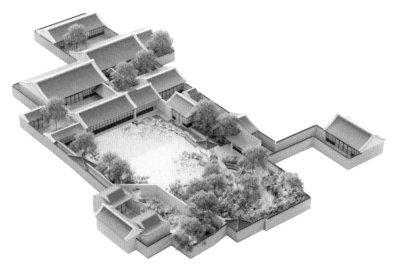

图5.7-2 艺圃鸟瞰模型图

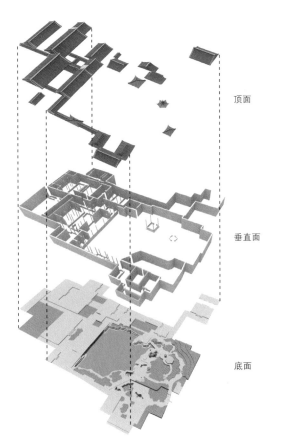

顶面

垂直面

底面

图5.7-3 艺圃空间界面叠加图

7.3.2 对景、对比、框景、漏景的运用

对景、对比、框景、漏景等各种手法运用十分娴熟。

空间序列上，园入口位于东南，穿过大门建筑便见一面较高的白粉墙，人与墙的距离小于墙高，整体幽静而闭塞；后又经连续的高墙围成的夹巷，方向转折两次，增加了纵深感（图5.7-4）；在最后一段南北向的尽头，朝西开口，与乳鱼亭对景。

乳鱼亭两侧种以绿植，视线透过乳鱼亭可窥看部分水面；登上乳鱼亭，景色明朗，向西可观中心大水面，最终视线收于响月廊。中心水面占全园五分之一，形状近方，运用聚的手法，使整个小空间显得开阔而静谧。

乳鱼亭南行是艺圃的假山景观，道分数路，靠内行两侧山体较高形成山谷空间，视线收拢；靠外行则可俯瞰水面，视线向一侧敞开，朝爽亭采用主景升高的方法，位于假山顶端，可揽全园景色，使假山游线的观感达到大开

图5.7-4 艺圃入口

第5章 列入《世界遗产名录》的九个苏州古典园林

大合的效果（图5.7-5）。

假山以西是芹庐小院和园中园浴鸥。与中部的空朗不同，这个空间显得典雅清秀，通过中部较大范围山水的衬托，此院中的叠石理水更加精致，植物配置也更加倾向于观赏细部，层次感和观赏性俱佳（图5.7-6）。

出浴鸥小院沿着响月廊北行，可至延光阁，视线朝水面开放，水景尽收眼底，又与假山隔水相对，仿佛身处于自然山林之中，坐在其中可交谈品茗，十分惬意。

7.3.3 视线通透性处理手法

视线通透性处理体现大虚大实的手法。

从进园开始，两侧高耸的白墙灰瓦将游人与中心景区实隔，狭窄的过道给游人造成强烈的压迫感；当从狭窄过道走进园区，乳鱼亭对水面产生较弱的虚隔作用，人们的视野变得开阔，一摒之前的闭塞；当进入乳鱼亭景色更加开阔，在入口游线处大虚大实的对比让较小的园林空间有更加丰富的层次和体验感。

西南角的小院利用园墙与外界实隔，在面向中心水面的地方开园洞门，其内的景观元素宛如大山大水的余脉从园洞门延伸进入，从外向内看有水体似无尽，从内向外看则有水源涌泻的趋势。同时，园墙实隔了两个空间的山体，使山体有从园中园向外蜿蜒而出的感觉；此处的园洞门还与芹庐小院的门洞错位相对，视线能及却不可再窥探其中，有"庭院深深深几许"之意。

响月廊占据中心水面西侧，水面沿游线铺开或被绿植与廊柱遮挡，或开阔明朗，大虚大实让水面更加具有吸引力。廊与乳鱼亭相对处，在西侧墙上开一漏窗，使人的视线不停变化方向，产生方向对比与调和，增加观赏性。疏密的强烈对比造就了艺圃的景观特征。

7.3.4 建筑集中布置

艺圃建筑布置相对集中，而核心区除乳鱼亭和朝爽亭之外均围绕在中央景区的边界，达到山水疏朗的效果。浴鸥小院里景观则十分丰富，短短的线性水池被两座桥划分，让小空间的流线更加丰富；贴墙的一侧加以山石并抬高道路高程，让整个空间律动更强，同时也更突出了山水景观区的疏朗。

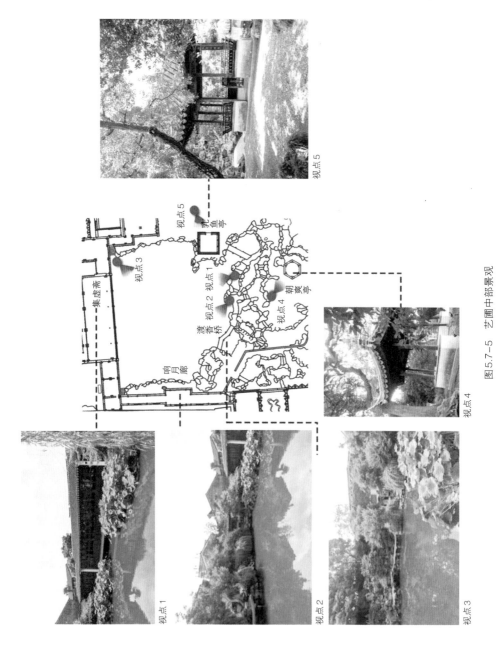

图 5.7-5 艺圃中部景观

园中园浴鸥

芹庐小院

芹庐小院假山

图5.7-6　艺圃芹庐小院

一池碧水几叶荷花三代高贤松柏宅

满院春光盈亭皓月数朝遗韵惠兰馨

——苏州艺圃博雅堂·钱太初题

第8节
耦园——耦园住佳偶，
城曲筑诗城

8.1　基本概况

耦园位于苏州内仓街小新巷，南为水巷，东、北枕河道，西面临街，南北均建有水埠码头，宅园总面积约 8 000 m²。始建于清初年间，曾名涉园，后经兴废至清同治十三年（1874年），退隐官员、藏书家沈秉成抱病侨寓吴中，购得荒废涉园再营耦园。"耦"通"偶"，寓意夫妻偕隐双栖、啸吟终老。耦园至今保持着苏州水城建筑的历史风貌，是现存苏州古典园林中的孤例，也是苏州古典园林中宅园合一的典范。新中国成立后几经修葺对外开放，2000年入选《世界遗产名录》，2001年入选"全国重点文物保护单位"。

8.2　空间布局

耦园整体布局不同于苏州大多"前宅后园式"园林，为"一宅两园式"布局（图5.8-1）。全园分为三部分，自西向东依次为西花园、中部住宅、东花园。整体布局东西两园几近对称，皆由"一山一水一中心"建筑组成，规模也几近相等。东西两园的对称布局，影射了园主夫妻情感之深厚及夫妻平等之人伦美（图5.8-2）。

总体上虽然采用对称布局，但是并非绝对对称，其中东花园为主游园，西花园做藏书治学之用。东园面积略大，占地约 3 600 m²，景色较丰富。西园约 2 200 m²，以建筑院落为主。

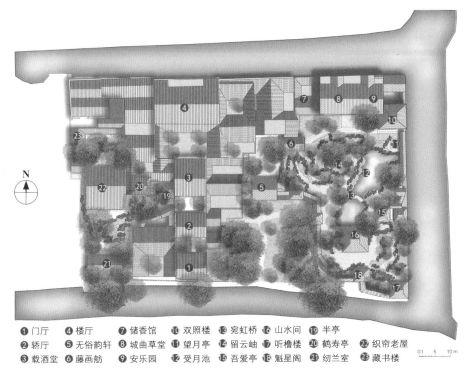

① 门厅　④ 楼厅　⑦ 储香馆　⑩ 双照楼　⑬ 宛虹桥　⑯ 山水间　⑲ 半亭

② 轿厅　⑤ 无俗韵轩　⑧ 城曲草堂　⑪ 望月亭　⑭ 留云岫　⑰ 听橹楼　⑳ 鹤寿亭　㉒ 织帘老屋

③ 载酒堂　⑥ 藤画舫　⑨ 安乐园　⑫ 受月池　⑮ 吾爱亭　⑱ 魁星阁　㉑ 纫兰室　㉓ 藏书楼

图5.8-1　耦园总平面图

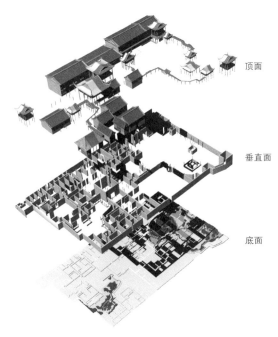

图5.8-2　耦园空间界面叠加图

8.3 局部特点

8.3.1 东园

东园以山池为中心，周围环以亭廊楼榭，呼应主景，整体布局疏密得宜、错落有致。东园为黄石假山，材质坚硬，轮廓明显且浑厚质朴，寓意男主人沈秉成刚强坚硬的人格与高洁的德操。假山居于中心，但略偏轴线一侧，便于从各个角度观赏。留云岫假山，陡峭险峻，直削而下临于池中。绝壁东南角设蹬道，依势降及池边，此处叠石气势雄伟峭拔，是全山最精彩部分。假山东临水池，池水随假山向南延伸，水上架有曲桥，池南端有"山水阁"跨水而筑，隔山与城曲草堂相对，形成了以山为主体的景区。城曲草堂前石径可通山巅的平台及西侧的石室，也是一个居高欣赏山林景色佳处。位于东南角的听橹楼，通过文字使人产生联想，仿佛园外的水景也成为园中景色。也是借景妙用的绝佳案例（图5.8-3）。

8.3.2 西园

西园以书斋——织帘老屋为中心，分隔成东、南、北三个相互关联的院落。织帘老屋南面，山名"桃屿"，为湖石假山，剔透轻盈、柔美婉转，喻指女性阴柔细腻之美。假山东西展开，类似屏障。坡度较平缓，山顶设平台，置石桌、石凳。自东而西逐级降低，边缘止于曲廊，因周边多种桂花，故而曲廊名"樨廊"，是中秋赏桂的绝佳之处。山间散点乔木，遍种箬竹，郁郁葱葱，取平远之意境（图5.8-4）。

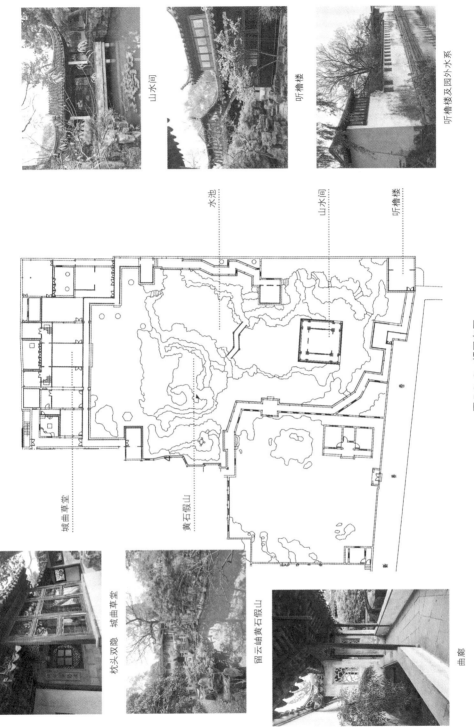

山水间

听橹楼

听橹楼及园外水系

水池

山水间

听橹楼

城曲草堂

黄石假山

枕头双隐   城曲草堂

留云岫黄石假山

曲廊

图 5.8-3 耦园东园

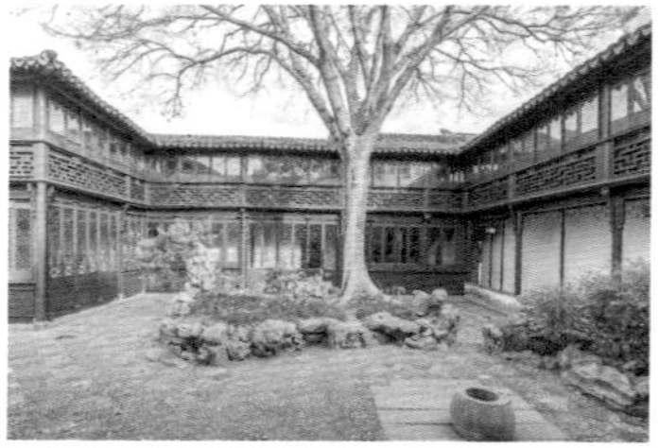

藏书楼

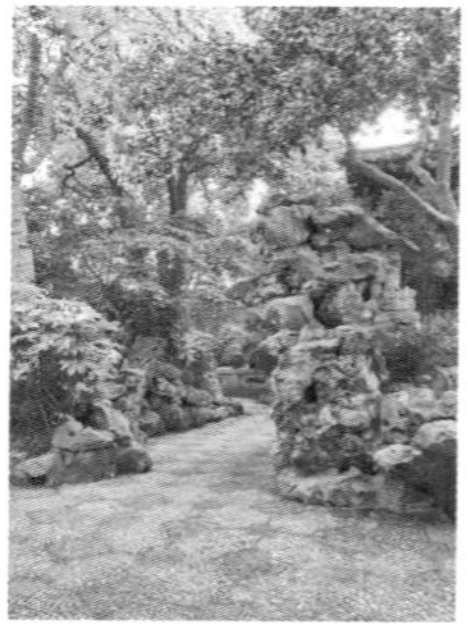

湖石假山

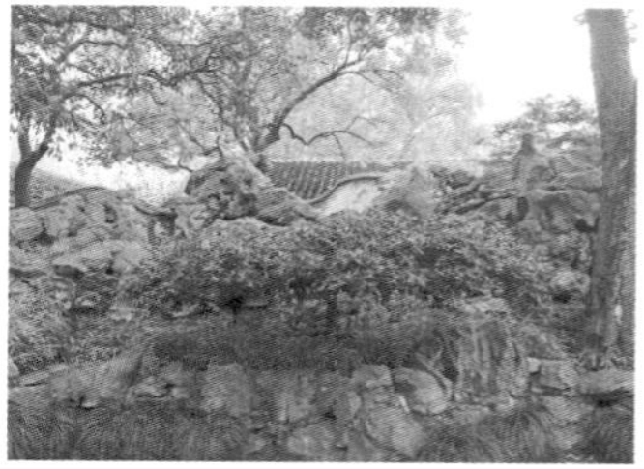

湖石假山

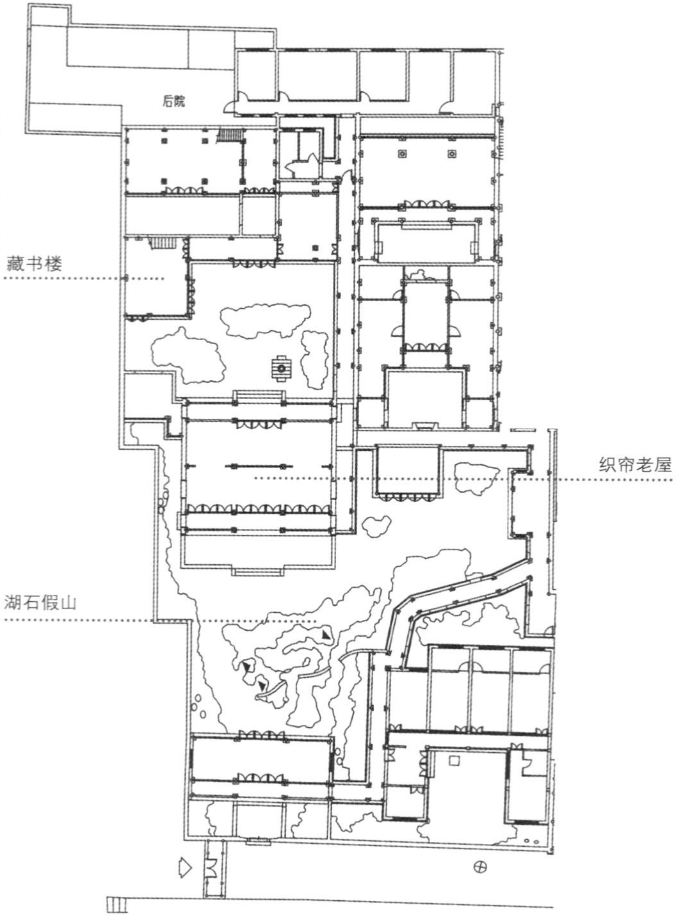

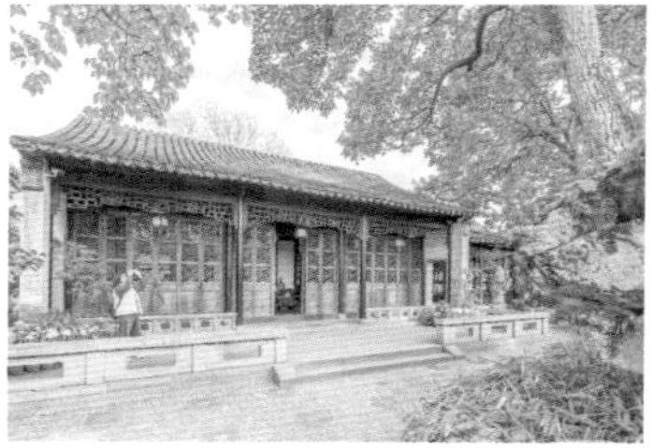

织帘老屋

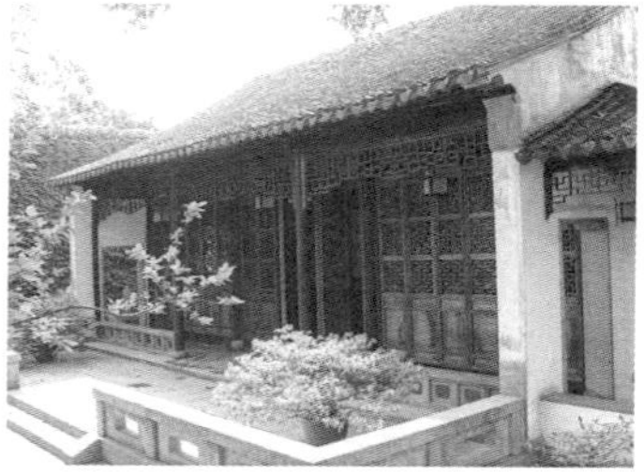

织帘老屋

图5.8-4　耦园西园

第9节

退思园——水榭风来香入座，
琴房月照静闻声

9.1 基本概况

退思园坐落在苏州市同里区古镇新填街，距离苏州古城 18 km，占地面积 9.8 亩（约 0.65 hm²），是晚清私家园林，为被劾革职回籍官员任兰生于清光绪十一年至十三年（1885—1887 年）所建。退思园水位较高，主体部分建筑皆环水而筑，贴水而建，春夏秋冬各景俱全、琴棋书画均为所适。造园家陈从周先生遂将退思园誉为江南园林中"贴水园"之特例。"退思园"园名取自"进思尽忠，退思补过"，契合园主人任兰生的生平遭遇，意在"通过补过，转向尽忠"。2000 年入选列入《世界遗产名录》，2001 年入选"全国重点文物保护单位"。

9.2 空间布局

退思园整体布局随用地呈东西走向，包括"宅邸、庭院、宅园"三个部分，对应"宅院、文化活动、山水景观"三个功能（图 5.9-1）。

宅邸分外宅和内宅。外宅位于西端，由传统的照壁、轿厅（门厅）、茶厅和正厅前后三进院落组成。第三进正厅挂"荫余堂"匾，匾下两侧悬挂着两副对联，其一为："水榭风来香入座，琴房月照静闻声"，另一副联为："快日晴窗闲试墨，寒泉古鼎自煮茶"，烘托出全园意境。外宅东侧有宽敞的避弄通向内宅，其内宅是由南北两幢五开间的楼厅和东西双重楼廊组成的建

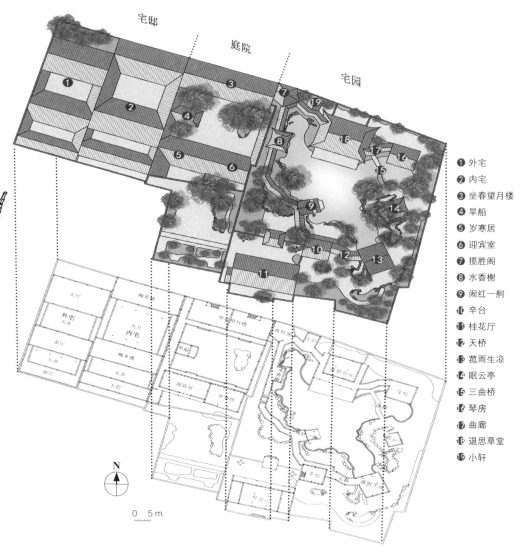

❶ 外宅
❷ 内宅
❸ 坐春望月楼
❹ 旱船
❺ 岁寒居
❻ 迎宾室
❼ 揽胜阁
❽ 水香榭
❾ 闹红一舸
❿ 辛台
⓫ 桂花厅
⓬ 天桥
⓭ 菰雨生凉
⓮ 眠云亭
⓯ 三曲桥
⓰ 琴房
⓱ 曲廊
⓲ 退思草堂
⓳ 小轩

N

0   5m

图5.9–1　退思园总平面及空间结构图

筑群"畹芗楼",俗称走马楼,为园主与家眷起居之处。

庭院是人工空间到自然空间的过渡,为迎宾待客、休憩读书之佳所。庭院由四周半边围廊所围成,南北两边筑居住楼房。南面西首是"迎宾室",为文人雅士吟咏弄墨之处;东首为"岁寒居",为每年春节团聚之所,庭院种植樟朴、玉兰等,绿荫如盖、清雅幽邃。

宅园占地约1 300 m²,布局以水为主,山为辅,建筑为焦点,向水为心。水池面积约340 m²,几乎占宅园总面积的十分之三,恰如《园冶》所谓"约

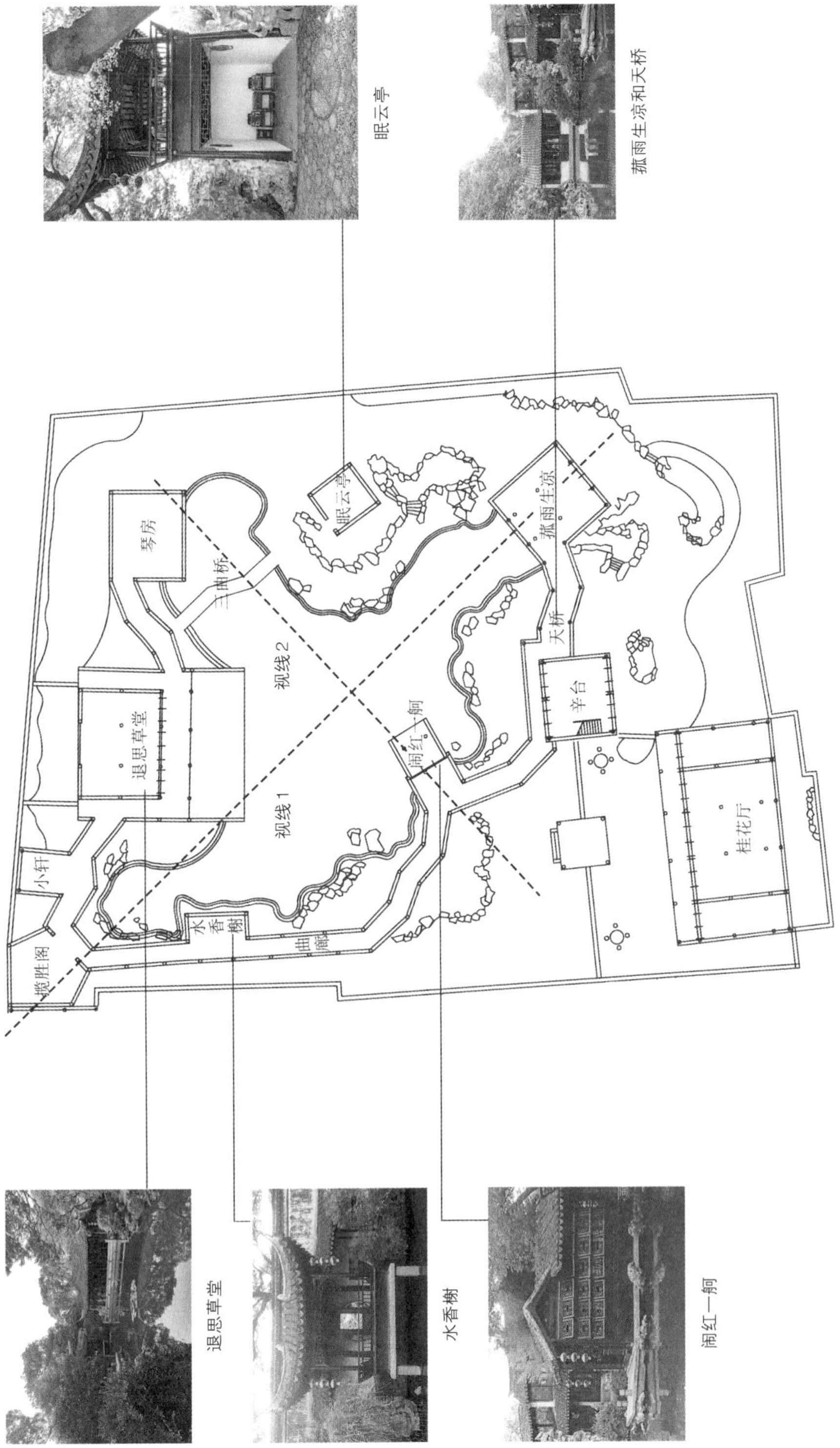

眠云亭

孤雨生凉和天桥

退思草堂

水香榭

闹红一舸

图5.9-2　退思园宅园景观视线

十亩之基，需开池者三"（图5.9-2）。水池平面形式呈T字形，因而形成园中两条重要景观视线，此为该园重要的特点。第一条景观视线是揽胜阁到菰雨生凉的南北视线。在这条景观视线上，揽胜阁、水面、九曲迴廊、水香榭、退思草堂、闹红一舸、眠云亭等相互映衬成景，构成深远的风景线。揽胜阁是全园的最高观景点，远退于水尾北端，在退思草堂和水香榭飞檐画框的中心。第二条是从闹红一舸至东北角水湾的东西景观视线。这条景观视线上，琴室、退思草堂、三曲桥、眠云亭等相映成趣。主体建筑退思草堂被两湾所夹，正是构图的重心处，因而成为全园焦点所在（图5.9-3）。

园林整个布局依自然的形象，山水峰石布局得体，古树花木四季成景。水池西北面以建筑为主，东南面以山石植物为主，形成虚实对比（图5.9-4）。

图5.9-3　退思园总体鸟瞰

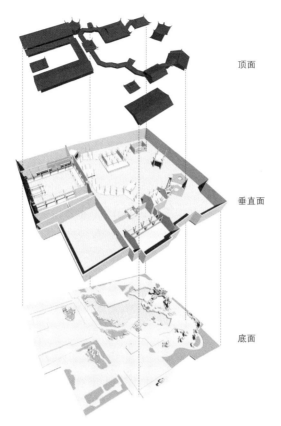

顶面

垂直面

底面

图5.9-4　退思园空间界面叠加图

参考文献

[1] （明）计成著.陈植注释.园冶（第二版)[M].北京：中国建筑工业出版社，1988.

[2] （明）李渔.一家言[M].上海：上海古籍出版社，2000.

[3] （明）文震亨.李霞、王刚编著长物志[M].南京：江苏凤凰文艺出版社，2015.

[4] 陈从周.园林谈丛[M].上海：上海人民出版社，2008.

[5] 刘敦桢.苏州古典园林[M].北京：中国建筑工业出版社，1979.

[6] （宋）郭熙著.吴非译.林泉高致[M].上海：上海书画出版社，2006.

[7] 陈从周.说园[M].上海：同济大学出版社，2007.

[8] 周维权，中国古典园林史[M].北京：清华大学出版社，2008.

[9] 苏州园林发展股份有限公司等.苏州园林营造技艺[M].北京：中国建筑工业出版社，2012.

[10] 杨鸿勋.江南园林论[M].北京：中国建筑工业出版社，2011.

[11] 童寯.江南园林志[M].北京：中国建筑工业出版社，1984.

[12] 侯洪德，侯肖琪.图解《营造法原》做法[M].北京：中国建筑工业出版社，2014.

[13] 曹林娣.图说苏州园林：门窗[M].合肥：黄山书社，2010.

[14] 衣学领等.苏州园林魅力十谈[M].上海：上海三联书店，2010.

[15] 王东健.苏州园林的发展历史与文化内涵研究[J].湖北第二师范学院学报，2016，33（09）：73-76.

[16] 黄玮.苏州园林的历史文脉[J].中国园林，1994（04）.

[17] 林家治.苏州园林崛起的历史根源及表现特征[J].中国园林，1985（03）.

[18] 贺宇晨.行走苏州园林[M].苏州：苏州大学出版社，2015.

[19] 郭明友.明代苏州园林史[M].北京：中国建筑工业出版社，2013.

[20] 巫柳兰.中国古典园林山水景境营造研究[J].美术大观，2019（01）：140-141.

[21] （明）归有光.震川先生集[M].上海：上海古籍出版社，2007.

[22] （宋）韩琦.安阳集[M].成都：巴蜀书社，2000.

[23] 魏嘉瓒.苏州古典园林史[M]，上海：上海三联书店，2005.

[24] 纪亚芸.试论《园冶》中的造园设计思想[J].园林，2018（07）：36-39.

[25] 王劲韬. 论《园冶》中反映的造园的手法和理念[J]. 华中建筑，2007（12）：100-101.

[26] 侯洪德，侯肖琪. 苏州园林建筑做法与实例[M]. 北京：中国建筑工业出版社，2016.

[27] 何建中. 江南园林建筑设计[M]. 南京：江苏人民出版社，2014.

[28] 马建武. 园林绿地规划[M]. 北京：中国建筑工业出版社，2007.

[29] 居阅时. 苏州古典园林铺地纹样实例分析[J]. 中国园林，2007（02）：74-76.

[30] 陈萍萍. 浅释《园冶》的古典园林铺装设计理念[J]. 艺术与设计（理论），2008（07）：82-84.

[31] 郭黛姮，张锦秋. 苏州留园的建筑空间[J]. 建筑学报，1963（03）：19-23.

[32] 杨小乐，金荷仙，陈海萍. 苏州耦园理景的夫妻人伦之美及其设计手法研究[J]. 中国园林，2018，34（03）：70-74.

[33] 张蕊. 退思园造园理法浅析[J]. 中国园林，2017，33（05）：123-128.

[34] 刘韩昕，马建军，曹林娣. 中华园林文化的承传探索——以苏州"抱拙"八景为例[J]. 中国园林，2021，37（06）：133-138.

[35] 唐克扬. 小径分岔的花园：园林经验的歧路[J]. 中国园林，2021，37（04）：26-29.

[36] 王泽猛. 园之虚实与画之虚实：明清苏州古典园林营造中的画意表现[J]. 装饰，2020（10）：102-104.

[37] 夏倩，汪国圣. 各放其彩的造园艺术——以网师园和艺圃的比较谈苏州园林的空间组织[J]. 中外建筑，2011（6）：60-62.

[38] 李旭，钟稀阳. 基于空间图解及基础转译的山居空间模式探析[J]. 中国园林，2020，36（04）：61-66.

[39] 杨仲全. 中国传统造园思想与中国山水画论[J]. 美术观察，2016（12）：122.

[40] 朱宇丹. 中国古典园林中亭子的设计——以苏州园林中的移步换景亭为例[J]. 美术大观，2018（01）：110-111.

[41] 王毅. 中国古典工艺美术中的园林山水图像及其风格演变[J]. 中国园林，2020，36（06）：119-124.

[42] 陈跃中. 传承文人情趣，彰显当代精神——探索当代文人园之路[J]. 中国园林，2016，32（04）：40-44.